JN212276

はっけん！身近な 生きもの図鑑

昆虫

岩槻秀明

いかだ社

はじめに

「地球上に何種類の生きものがいるの？」

　これは出前授業でよく出る質問ですが、この答えを知る人はまだ誰もいません。現在わかっているだけで約175万種、そのうち約95万種が昆虫ですが、これは氷山の一角です。おそらくトータルで500〜3000万種くらい、その80％は昆虫だろうといわれています。

　昆虫はとにかく種類が多いので、身近なものだけでも数百種単位になります。そのため家の周りをちょっと調べただけでも、本書にのっていない種類が次々と出てくるはずです。いいかえれば、それだけ奥が深く「発見の宝庫」ということです。

　本書は昆虫の種類や生態を網羅した実用的な図鑑というよりは、その奥深さや楽しさに気づくきっかけづくりというコンセプトで書いています。観察での気づきをどんどん書きたしていって「自分だけの図鑑」に仕上げていくのも楽しいかもしれませんね。

　また、なれてくると物たりなさを感じてくると思います。その場合は本書からキーワードを拾ってネット検索してみたり、より上級向けの本にチャレンジしてみたりすると、さらに深められると思います。

　本書が昆虫に興味をもつための「最初の一歩」として役に立つとうれしいなと思います。

わぴちゃんこと 岩槻秀明

本書の見かた（第2章）

●昆虫はグループごとに紹介しています。虫めがねマークはこのグループをあらわす名前で、調べる時のキーワードになります。

カマキリの仲間
カマキリ目

カマキリ目の昆虫は日本に13種類います。この仲間は体が細長く、頭が三角形で大きな複眼をもっています。また前脚が鎌のようになっていて、これで虫などを捕まえます。幼虫は脱皮を繰り返しながら大きくなっていきますが、不完全変態で、さなぎにはなりません。

 家の周りでも見かけるよ

オオカマキリ

するどい鎌のような前脚で、虫などを捕まえて食べます。おどろかすと前脚を広げて威嚇のポーズをとります。メスはあまり飛びませんが、オスはよく飛び回ります。体が茶色い個体もいます。（体長68～95mm）

 刺

日当たりのよい草原に多いよ！

チョウセンカマキリ

単にカマキリとも呼ばれます。オオカマキリに似ていますが前脚のつけ根はオレンジ色（オオカマキリは黄色）。また翅を広げた時に見える後翅はほぼ透明（オオカマキリは濃い紫色）です。（体長65～90mm）

刺

カマキリの複眼

カマキリの複眼は、夜は黒くなります。そして昼は黒い点（偽瞳孔）があり、常に目が合っているように見えます。これはちょうど自分の正面方向にある複眼だけが黒く見えるようなつくりになっているからです。

 昼の眼

 夜の眼

キーワード➡複眼、偽瞳孔

●**キーワード**
さらにくわしく調べたいと思った時に役に立つキーワードを本文からぬき出しています。

●見られる場所

おもな生息環境を4つのアイコンであらわしています。昆虫は自分で移動するため、何らかの理由で本来の生息環境とはちがう場所でたまたま出会うこともあります。

 ●家周り……家の周りや庭、道ばた、街なかなど、人の生活に近い場所。

 ●野原……草が主体の原っぱ。公園の芝生広場や土手の草原もふくむ。

 ●水辺……池や沼、河川などの水辺。河川敷や湿地などもふくむ。

 ●森林……雑木林や山林、公園や神社の木かげ、林の周りもふくむ。

●注意が必要な昆虫

観察時に注意が必要な昆虫は、何に注意が必要かアイコンで示しています。

 ●さわると毒液を出してきて、肌につくとかぶれたりする可能性があるものです。

 ●あごの力がとても強く、かみつかれるとケガをする可能性のあるものです。

 ●さされる可能性があるものです。また体にトゲがあって痛い思いをする可能性があるものにもこのアイコンをつけています。

●成虫の見られる季節

成虫が見られる時期の目安です。その年の天候や地域によって多少のずれが出ることがあります。

春……3～5月		初夏……5～7月	
夏……7～8月		秋……9～11月	
冬……12～翌2月			

昆虫の体の大きさ（体長・開張）について

　昆虫の体の大きさは、多くの場合、頭の先から腹の先までの長さ（体長）であらわします。体長には触角や産卵管（卵を産む管）、ツノ、はねやあしの部分はふくまれません。クワガタムシ類の大あごは頭の一部なので、クワガタムシ類の体長は大あごもふくみます。一方でカブトムシはツノをのぞいた長さが体長です。
　チョウやガなどの大きさは、はねを広げた時の左はしから右はしまでの長さ（開張）であらわしています。ほかにもいくつかのあらわしかたがありますが、本書は体長と開張で大きさをあらわしています。

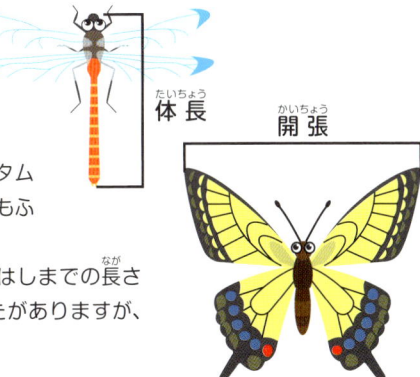

体長

開張

目次

第1章　昆虫のキホン　6

第2章　身近な昆虫図鑑　22

第1章
昆虫のキホン

みなさんは昆虫と聞いてどのようなものを想像するでしょうか。ここでは昆虫とはどのような生きものなのか、自然界の中でほかの生きものとどのようにつながっているのか、その基本的な内容をかんたんに説明します。

あわせてこのページに書かれている質問の答えも考えてみてくださいね。

ダンゴムシは昆虫なの？

昆虫の目の数はいくつ？

昆虫はどんな生きもの？

この本で取り上げる昆虫、それはどんな生きものを指すのでしょうか。ここではまず昆虫と呼ばれる生きものの基本的な特徴を紹介します。また、生きものを分類した時、昆虫はどのグループに位置づけられるのか、また昆虫の中にはどんなグループがあるのかについてもみていきます。

昆虫の体の特徴

昆虫と呼ばれる生きものには、いくつか共通する特徴があります。それは、体が頭・胸・腹の3つに分かれていて、胸のところに6本のあしがあるという点です。頭には触角があり、多くの種類は複眼と単眼、2種類の目をもちます。またふつう4枚のはねがあります。

シオカラトンボの複眼のアップ。

2個の複眼
3個の単眼
ミンミンゼミ

複眼と単眼

多くの昆虫は複眼と単眼があります。複眼は小さな眼（個眼）がたくさん集まったものです。

あしは6本

前あし2本、中あし2本、後ろあし2本の計6本あります。あしは胸の部分にあります。

頭に触角がある

昆虫の頭には2本の触角があります。触角でにおいや味、方向などを感じ取っています。

2本の触角
クロスズメバチ

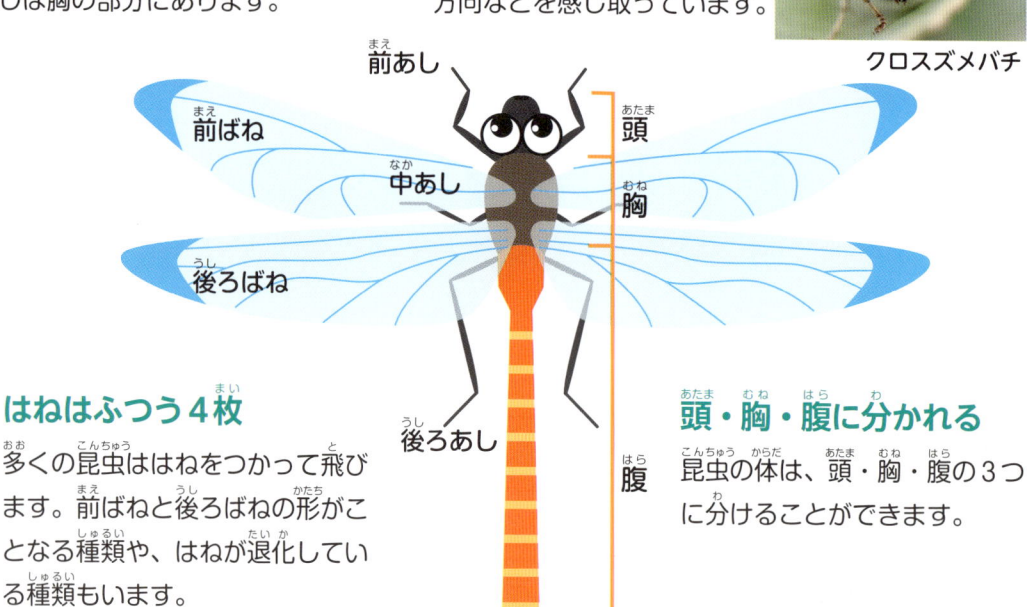

前あし
前ばね
中あし
後ろばね
後ろあし
頭
胸
腹

はねはふつう4枚

多くの昆虫ははねをつかって飛びます。前ばねと後ろばねの形がことなる種類や、はねが退化している種類もいます。

頭・胸・腹に分かれる

昆虫の体は、頭・胸・腹の3つに分けることができます。

昆虫は節足動物

　昆虫は、動物の中でも節足動物と呼ばれるグループに位置づけられています。とても種類数が多いグループで、その数は100万種以上、動物の種類数全体の75％が節足動物といわれています。節足動物はさらに甲殻類（エビやカニ、ダンゴムシなど）、多足類（ムカデやヤスデなど）、鋏角類（クモなど）、そして六脚類などに分けられます。昆虫はこの六脚類の中に分類されます。

　ちなみに、わたしたちはヒトという種類で、動物の中では脊椎動物（背骨のあるグループ）です。脊椎動物はさらにほ乳類、鳥類、は虫類、両生類、魚類に分けられ、ヒトはほ乳類に分類されます。

動物

節足動物

六脚類

昆虫類

甲殻類

脊椎動物

多足類

鋏角類

昆虫類のグループ分け

節足動物のうち、6本のあしをもつ仲間を六脚類といいます。昆虫類もこの六脚類の仲間です。

昆虫類は、さらに近い仲間ごとに、「目」という単位でグループ分けがなされています。たとえば、チョウやガの仲間は「チョウ目」、バッタやコオロギ、キリギリスなどは「バッタ目」というグループに分けられています。「目」はさらに細かく「科」という単位でグループ分けがなされています。たとえばチョウ目の中にはアゲハチョウ科、シロチョウ科、タテハチョウ科、シジミチョウ科などのグループがあります。

なお、昆虫以外の六脚類として、トビムシやコムシなどがいます。これらは昆虫ではありませんが、昆虫にかなり近い虫です。

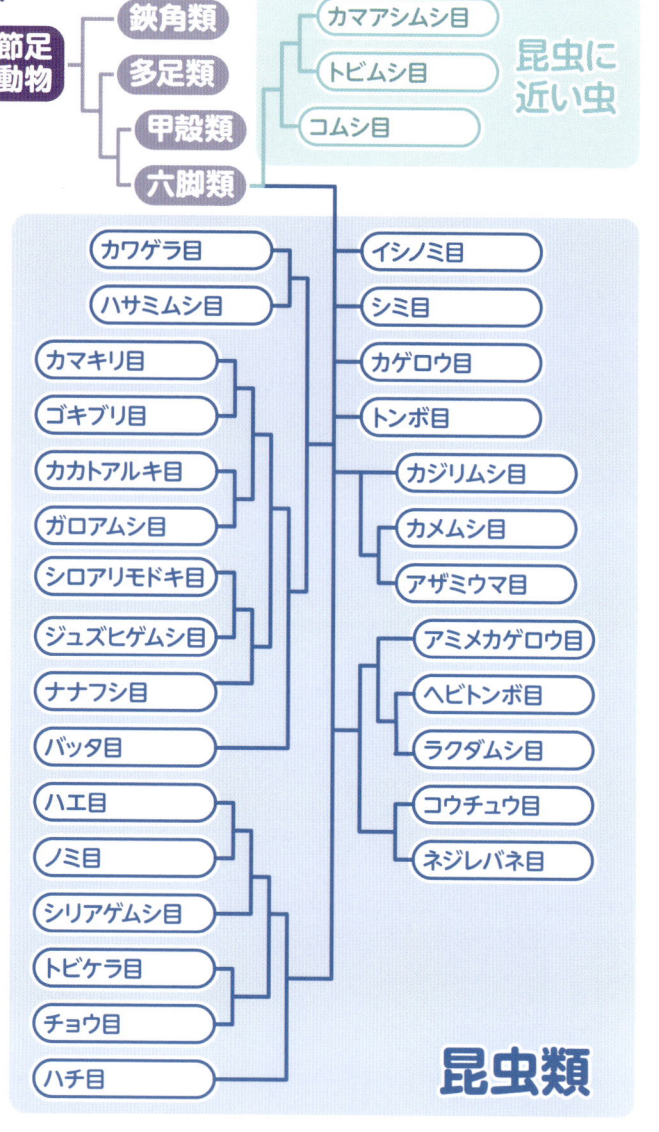

節足動物
- 鋏角類
- 多足類
- 甲殻類
- 六脚類

昆虫に近い虫
- カマアシムシ目
- トビムシ目
- コムシ目

昆虫類
- カワゲラ目
- ハサミムシ目
- カマキリ目
- ゴキブリ目
- カカトアルキ目
- ガロアムシ目
- シロアリモドキ目
- ジュズヒゲムシ目
- ナナフシ目
- バッタ目
- ハエ目
- ノミ目
- シリアゲムシ目
- トビケラ目
- チョウ目
- ハチ目
- イシノミ目
- シミ目
- カゲロウ目
- トンボ目
- カジリムシ目
- カメムシ目
- アザミウマ目
- アミメカゲロウ目
- ヘビトンボ目
- ラクダムシ目
- コウチュウ目
- ネジレバネ目

チョウ目

シンジュサン

ガとチョウはどちらも同じチョウ目。

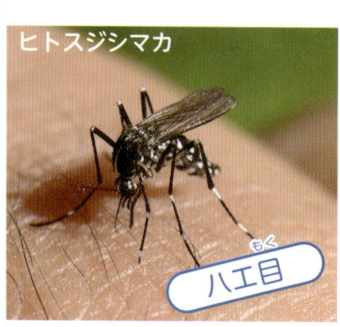

ヒトスジシマカ

ハエ目

人の血をすうカはハエ目。

カメムシ目

アブラゼミ

夏の定番、セミの仲間はカメムシ目。

昆虫の育ちかた

昆虫はまず卵というかたちで生まれます。卵からかえる（ふ化）と、幼虫になり、何度か脱皮をくり返しながら大きくなっていきます。その後、一度さなぎになってから成虫になるものと、さなぎにならずに成虫になるものがいます。

なお、シミ目やイシノミ目の育ちかたは無変態といいます。いずれも幼虫と成虫のすがたがほとんど同じで、成虫になってからも脱皮をします。

完全変態

卵➡幼虫➡さなぎ➡成虫と、成虫になる前にさなぎになる育ちかたを完全変態といいます。チョウ目やコウチュウ目などで見られる育ちかたです。

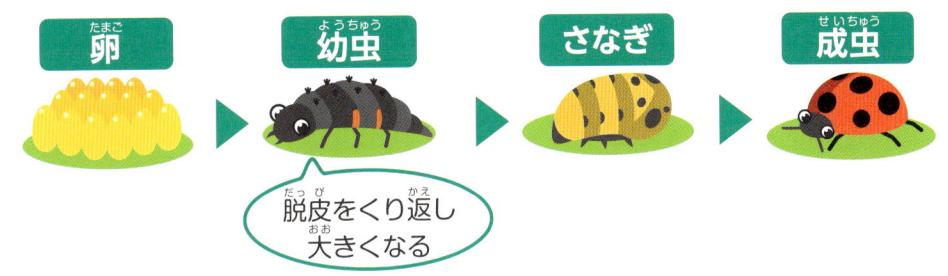

卵 ➤ 幼虫 ➤ さなぎ ➤ 成虫

脱皮をくり返し大きくなる

不完全変態

卵➡幼虫➡成虫と、さなぎにならない育ちかたを不完全変態といいます。カメムシ目やバッタ目、カマキリ目などで見られる育ちかたです。

卵 ➤ 幼虫 ➤ 成虫

脱皮をくり返して育ち、そのまま成虫になる

昆虫の冬越し

卵、幼虫、さなぎ、成虫、どの状態で冬越しするのかは、種類によってことなります。特に成虫で冬越しするものは「成虫越冬」と呼ばれます。昆虫は気温によって体温が変動する変温動物なので、冬の寒い間は動けません。敵に見つかったらにげることができず食べられてしまいます。そこで成虫越冬する昆虫の多くは、枯れ草などに擬態しています。

ナミテントウも成虫越冬。木の穴や石の下などに集まって冬越しします（集団越冬という）。

自然の中のつながり

昆虫は、自然の中でほかの生きものとどのようなつながりをもっているのでしょうか。ここでは昆虫とほかの生きもののつながりについてみていきます。

昆虫は消費者の一部

自然界の生きものは、その役割から大きく生産者、消費者、分解者に分けられます。生産者は光合成によって自ら養分をつくりだす植物のことで、これがすべての生きものの命のみなもとになっています。消費者は植物などほかの生きもの

を食べて生きる動物のことで、食べるものによって草食動物と肉食動物に分けられます。昆虫も消費者です。分解者は動植物の死がいやフンなどを分解して土にかえすおそうじ屋さん。分解者によってつくられた土は生産者（植物）の養分になります。

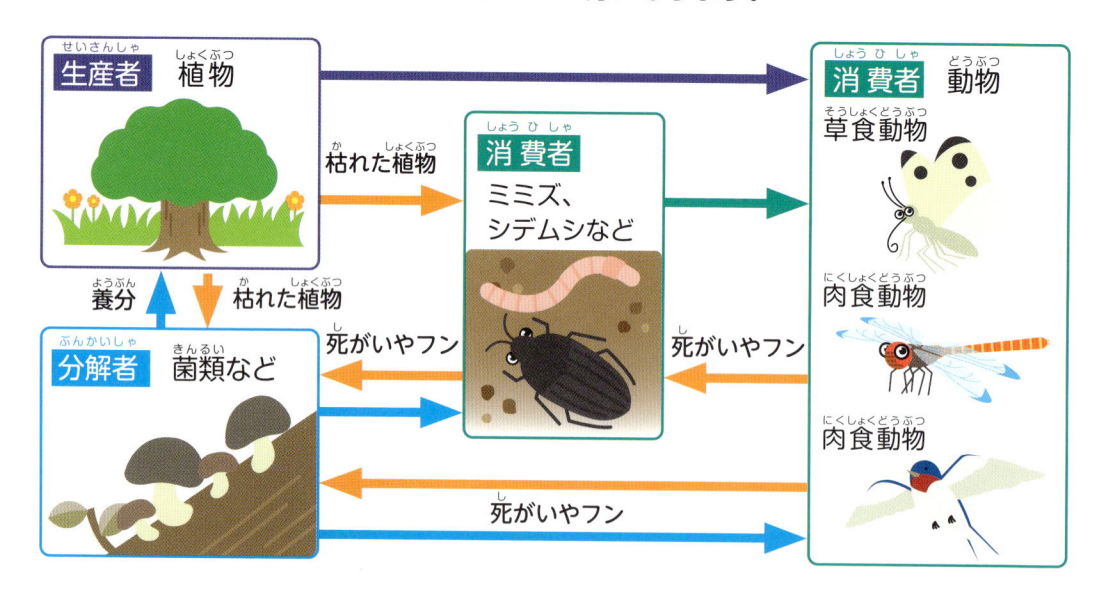

ミミズの死がいに集まるゴミムシの仲間。死がいやフンを食べて「森のおそうじ屋さん」の役割を果たしている。

キノコを食べるキノコバエの仲間。キノコやカビなどの分解者を食べる昆虫もいる。

食べる―食べられるの関係

　自然界の生きものは「食べる－食べられる」の関係でつながっています。もちろん昆虫も、このつながりの中で生きています。たとえばカエルは、クモなどの小さな生きものを食べますが、その一方で、ヘビなどのより大きな生きものに食べられます。食べる側の生きものを捕食者、食べられる側の生きものを被食者といいます。

　「食べる－食べられる」の関係で生きものをつないでいくと、まるでくさりのようにつながっていきます。そのことから、「食べる－食べられる」の関係は食物連鎖と呼ばれます。

ジョロウグモに食べられるモンキチョウ

食べる → 食べられる

食べる ↓ 食べられる

食べる → 食べられる

食べる ↓ 食べられる

食べる → 食べられる

害虫と益虫

　見た目が気持ち悪いとか、人の活動に悪い影響をあたえるものを害虫といい、右の表のように大きく4つのタイプがあります。一方で人の役に立つものは益虫と呼ばれています。いずれも人が自分の都合でそう呼んでいる「人間目線での言葉」である点は頭の片すみに置いておきたいものです。

害虫の区分	説明
不快害虫	大量発生や、見た目が悪いなどの理由からきらわれる
農業害虫	農作物を食いあらすなど、農業被害につながるもの
衛生害虫	病原体を運ぶなど、感染症を広げる可能性があるもの
危険生物	さすなどして直接危害を受ける可能性があるもの

昆虫を見つけるコツ

昆虫のくらす環境は、種類によってさまざま。ここでは、家の周り（人里）、野原、水辺、林の４つの環境について説明します。本書の図鑑ページでは、昆虫の見られる場所をこの４つの環境に分けてあらわしています。

家の周り・公園

　住宅地や街中のちょっとした公園にも、たくさんの昆虫がくらしています。夏は、窓辺や街灯の周りなどを探すと、明かりに飛んで来た昆虫を見つけることができます。また冬は、植木ばちや石、枯れ木の下などで昆虫が冬越ししているすがたを観察できます。

植木ばちや石、枯れ木の下には、昆虫やダンゴムシなどさまざまな生きものがかくれている。

花だんの花にはチョウやハチなどが蜜を求めてやって来る。

夜間、明かりに飛んで来た昆虫が、窓辺で休んでいることもある。

野原（草原）

　野原は、生えている植物の種類によって見られる昆虫の種類も変わってきます。また芝生広場のような背の低い草地と、背の高い草がボーボーしげった草やぶとでは、すんでいる昆虫の種類にちがいがあります。なお図鑑によく出てくる「しめった野原」というのは、水辺に近く、雨が降ると土がぐちゃぐちゃとぬかるむような場所をいいます。

草の高さによってもすんでいる昆虫の種類はちがう。

しめった野原は水辺に近く、雨が降るとぬかるむような草地。

水辺

　池や沼、田んぼ、川、海など、水の多い環境を水辺といいます。水辺にもさまざまな昆虫がいます。水の深さや流れの速さ、周りに生える植物など、ちょっとした環境のちがいで、見られる昆虫の種類は変わります。ゲンゴロウやタガメなど水中生活をする昆虫もいます。またトンボのように幼虫時代だけ水中生活をするものもいます。

池や沼の周りに草木が生いしげっている場所とそうでない場所とでは、見られる昆虫にちがいがある。

川にくらす昆虫は、上流、中流、下流で種類がちがってくる。

林

　大きな木がたくさん生えている場所を林といいます。林を形づくる木の種類によって、見られる昆虫の種類も変わってきます。平地ではクヌギやコナラのほか多種多様な樹木がまじる雑木林の環境がよく見られます。また林のふちは林縁といい、昆虫の数が特に多い環境です。

林のふちにあたる部分を林縁という。林縁の環境は生きものの宝庫。

明かりに集まる昆虫

　昆虫の中には、明かりに向かって飛んで来る性質があるものが少なくありません。明かりに飛んで来ることを灯火飛来といい、その性質を利用して照明をつかって昆虫採集することを灯火採集といいます。夏の夜に多く、窓辺や街灯の周りには、さまざまな昆虫のすがたを見ることができます。

　夏の花火大会の明かりに飛んで来たコカマキリ。

16

昆虫は地域によってちがう

昆虫は日本全国どこでも同じではなく、地域や環境によって、すんでいる種類がちがいます。特に北海道と沖縄は、ほかの地域とかなりちがうため、その地域専用の昆虫図鑑を見る必要があります。また本州でも東日本と西日本とで見られる種類は変わってきます。それから地域亜種と呼ばれる「ご当地昆虫」もいます。ここでは昆虫の地域差について紹介します。

地域で種類が変わる

キリギリス

北海道にはハネナガキリギリス、東日本はヒガシキリギリス、西日本はニシキリギリスが分布します。

見られない地域がある

カブトムシ

カブトムシは夏を代表する昆虫ですが、日本全国にいるわけではなく、北海道には生息していません。

地域亜種とは？

同じ種類でも、地域ごとにすがたかたちなどの特徴が少しずつちがうことがあります。この場合、地域の中で共通の特徴をもった集団を地域亜種として呼び分けることがあります。いわばご当地昆虫です。たとえばマイマイカブリは日本では8〜10ていどの地域亜種に分けられています（分けかたにいくつかの説があります）。

ヒメマイマイカブリ（関東の地域亜種）

マイマイカブリの地域亜種
（おもなもの）

北海道 エゾマイマイカブリ
東北北部 キタマイマイカブリ
佐渡島 サドマイマイカブリ
東北南部 コアオマイマイカブリ
関東〜中部 ヒメマイマイカブリ
西日本 ホンマイマイカブリ

分布を広げる南方系の昆虫たち

もともとあたたかい地域にのみ生息していた南方系の昆虫が、近年は東へ北へと分布を広げるようになってきています。このような昆虫を北上種といいます。確実な理由はまだわかっていませんが、地球温暖化などの影響で、気温が高くなってきていることが原因のひとつと考えられています。

ツマグロヒョウモン

もともと西日本の暖地に生息していました。幼虫はパンジーなどを食べます。

ナガサキアゲハ

九州などに生息する南方系のアゲハです。今は関東でもふつうに見られます。

ムラサキツバメ

南方系のチョウで、今は関東でも見られます。幼虫はマテバシイの葉を食べます。

ビロードハマキ

関東以西の暖地に生息するガでしたが、今は東北でも見られるようになっています。

アオドウガネ

もともと西日本に生息していたものの、今は東日本でもふつうに見られます。

ミナミアオカメムシ

熱帯性の昆虫で、日本での生息は四国や九州などの暖地にかぎられていました。

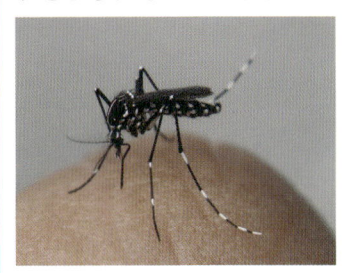

ヒトスジシマカ

もともと東北にはいませんでしたが、年々分布拡大し、今は東北全県で見られます。

ホソミイトトンボ

関東以西の暖地に分布し、成虫越冬します。関東では最近急に増えてきています。

ヒサゴクサキリ

本州以西の暖地の海岸に生息しますが、最近、分布が広がり、増えつつあるようです。

昆虫をとりまく環境の変化

人間社会が便利になる一方で、自然環境の悪化が進み、そこでくらす昆虫にも大きな影響が出ています。ここでは昆虫をとりまく環境の変化の例をいくつか紹介します。かけがえのない地球の自然を守り、次の世代へと大切につなぐためにはどうしたらいいか、考えるきっかけになればと思います。

昆虫の数がへっている

自然環境の変化によって、身の周りの昆虫の数がどんどんへっています。このままでは絶滅してしまうおそれがある、と心配されるくらいへってしまっている昆虫も少なくありません。たとえばゲンゴロウやタガメは、古くは身近な昆虫でしたが、今は絶滅危惧種になるほど数がへってしまっています。昆虫がへっている理由として代表的なものを以下に6つあげてみました。

生息地の減少

開発によって野原や水辺、森林など、昆虫の生活場所はどんどん失われています。それによって昆虫の数も急速にへっています。

殺虫剤などのつかいすぎ

殺虫剤は適切な範囲でつかうのであれば生活の役に立ちますが、必要以上につかいすぎると自然破壊につながります。

水質の悪化

水辺でくらす昆虫は、水質の変化に敏感です。家庭や工場から出る排水、農薬などで水がよごれるとすがたを消してしまいます。

気候変動の影響

地球温暖化などの気候変動は、昆虫にも大きな影響があります。たとえば近年の異常な猛暑は、昆虫にも大きなダメージをあたえます。

外来種との競争

新しい外来種（→p19）が入ると、地域の中での生きもののつながりのバランスがくずれ、その結果数をへらしてしまう昆虫もいます。

採集のしすぎ

めずらしい昆虫や、美しい昆虫の中には、愛好家や販売業者がこぞって採集するために数をへらしているものもいます。

外来種の昆虫が増えている

　人間活動とともに海外からやって来た生きものを外来種（外来生物）といいます。近年は昆虫界にも外来種が増えており、それによる悪影響が心配されています。なお日本国内に生息している昆虫でも、人の手によってほかの地域から持ちこまれたものは外来種と同じようなもので、国内外来種といいます。

ムネアカオオクロテントウ
中国～東南アジアに生息するテントウムシの仲間で、マルカメムシを食べます。

カラタチトビハムシ
中国原産のハムシの仲間で、カラタチやミカンなどかんきつ類の葉を食べます。

アメリカピンクノメイガ
北アメリカからやって来たピンクのガで、幼虫はサルビアを食べて育ちます。

キマダラカメムシ
江戸時代に長崎で発見された外来カメムシ。近年急速に数が増えています。

チュウゴクアミガサハゴロモ
中国～東南アジアに生息。大阪で最初に発見された後、急速に分布を広げています。

ムネアカハラビロカマキリ
中国原産でハラビロカマキリより大型です。また胸が長く、腹側はピンク色です。

特定外来生物とは？

　人間活動とともにさまざまな外来種が次々と入りこんできて、問題になっています。この外来種問題に対応するために制定されたのが外来生物法という法律です。外来生物法では、外来種の中でも、特に大きな影響があるものを特定外来生物に指定し、無許可での飼育・栽培、生きたままでの移動などを禁止しています。特定外来生物指定種は環境省ホームページなどで確認できます。

特定外来生物に指定されたアカボシゴマダラ

昆虫観察をしよう！

昆虫観察する時にあると便利なグッズや、観察する時に気をつけたいことをまとめてみました。この本を見ながら昆虫観察を楽しみましょう。

あると便利なグッズ類

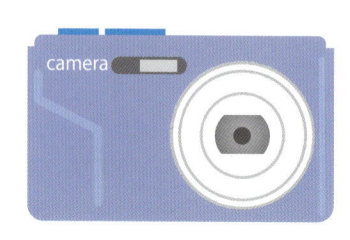

◆虫とりあみ

あみの部分が長く、目の細かいものがつかいやすいです。魚用のたもあみは虫とりにはむきません。

◆飼育ケース

後で観察する場合は、捕まえた昆虫を飼育ケースなどに入れておくとよいです。

◆デジタルカメラ

昆虫は動くのでむずかしいけど、デジタルカメラをつかって撮影に挑戦してみましょう。

◆ルーペ付きケース

昆虫の細かい部分を観察するのにてきしています。ただし熱がこもりやすいので、観察が終わったらすぐにケースから出しましょう。

◆ポイズンリムーバー

ハチなどにさされた時、毒をすいだすための道具。アウトドアグッズとして売られています。

観察する時の服装

自然の中に行く時は帽子をかぶり、長そでで長ズボンを着用しましょう。明るめの色の服にするとハチ対策にもなります。くつははきなれた運動ぐつでよいですが、水辺やしげみに行く時は長ぐつを用意しましょう。

帽子

スカーフやタオル

長そで

長ズボン

くつ下・はきなれた運動ぐつ

昆虫観察で特に気をつけたいこと

　昆虫観察をする時は、どんな危険があるのかを考えながら、安全第一で行動するようにします。また昆虫は生きもの、つまりひとつの命です。観察する時は、自然にやさしい行動を心がけるようにしましょう。

◆道路を歩く時は、車や自転車、歩行者の動きに気をつけ、事故のないようにしましょう。また虫とりあみが周りにぶつからないよう、持ちかたを工夫しましょう。

◆水辺には必ず大人といっしょに行きましょう。天気予報を確認し、天気の急変や、川の水が増えてきたなど、危険なサインがあらわれた時は、すぐに水辺からはなれましょう。

◆草木が生いしげった深いやぶの中にはどんな危険がひそんでいるかわかりません。危険な生きものがいたり、がけになっていたりするかもしれません。そういうところには入らないようにしましょう。

◆暑さがきびしい時は無理をせず、水分と塩分をとって、こまめに休けいしましょう。少しでも体調がおかしいと感じたら、がまんせずにすぐにすずしい場所に移動して体を冷やします。

◆スズメバチやアシナガバチ、毒ヘビ、毛虫（ドクガやイラガなど）、マダニなど、注意が必要な生きものもいます。またクマの出る地域では、クマよけ鈴を持ち、なるべく2人以上で行動しましょう。

◆昆虫もわたしたちと同じ生きものです。捕まえて観察する時は、やさしくあつかうようにします。また観察が終わったら、なるべく早くもとの場所に返してあげましょう。

第2章
身近な昆虫図鑑

　大自然の中はもちろん、家の周りの身近な場所にも、たくさんの種類の昆虫がくらしています。ここからは身近な場所で見られる昆虫の中から、おもな種類を仲間ごとに紹介していきます。昆虫はとても種類が多く、ここで紹介したのはそのほんの一部にすぎません。
　この本にのっていない種類を見つけたら、どんどん書きこんでいって、自分だけの図鑑にしていくのも楽しいかもしれませんね。

ナミハンミョウ

キイロテントウ

ラミーカミキリ

キアゲハ

アオバハゴロモ

ルビーロウムシ

ベニスズメ

チョウトンボ

ブチヒゲカメムシ

オンブバッタ

コウチュウの仲間

コウチュウ目

世界じゅうに35万種以上いる、とても大きなグループです。4枚のはねのうち、上ばねの2枚はかたく、その下にうすい下ばねがあります。テントウムシやカミキリムシ、カブトムシ、クワガタムシなどのほか、ゲンゴロウなどの水生昆虫もいます。

林の中に多く、地面をすばやく歩き回る

家周り　水辺　野原　森林

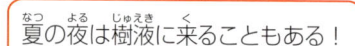

オサムシの仲間

ミミズやイモムシなどを捕まえて食べます。地域によって見られる種類がことなり、はねの色にも個性があります。成虫は斜面の土の中や、朽ち木にもぐり、越冬します。（体長は種類による）

夏の夜は樹液に来ることもある！

森林

身近な場所にもたくさんいるよ！

家周り　水辺　野原　森林

マイマイカブリの仲間

成虫・幼虫ともに、カタツムリが大好きで、からに頭をつっこんで消化液を出し、中身をとかしながら食べています。はねは退化していて飛べません。地域ごとにいくつかの亜種（→p16）に分かれています。（体長26〜65mm）

セアカヒラタゴミムシ

体の色には個性があり、はねに赤い模様が入るものと入らないものがいます。昼間は落ち葉の下などにかくれていますが、夜になると歩き回って虫の死がいなどを食べます。明かりにもやって来ます。（体長16〜20mm）

キーワード➡退化、消化液、朽ち木

田んぼの周りに多くいるよ

水辺　野原

ミイデラゴミムシ

幼虫はケラ（→p103）の卵を食べて育ちます。成虫は夜行性で、昆虫やミミズなどを食べています。ヘッピリムシとも呼ばれ、おどろくと腹の先から高温の毒ガスを噴射して身を守っています。（体長11〜16mm）

昼間は落ち葉の下にいることが多い

家周り　野原　森林

オオヒラタシデムシ

地面を歩きながら動物の死がいやフンなどを食べるため「森のおそうじ屋さん」と呼ばれています。幼虫は三葉虫のような形で、あるていど大きくなると成虫同様に地面を歩きながら食べものを探します。（体長18〜23mm）

朽ち木に生えるキノコを食べるよ

森林

ナガニジゴミムシダマシの仲間

上ばねは黒色ですが、光の当たり具合によって虹色にかがやきます。この仲間は似たような種類が何種かいます。つかむととてもくさい汁を出すので、きれいだからと素手でさわらないようにしましょう。（体長10mm）

木の幹のところによくいるよ！

森林

ニホンキマワリ

キマワリの仲間の代表種で、都市周辺にも多い身近な昆虫です。体は黒色で、長いあしをもっています。成虫は春から秋にかけてあらわれ、木の幹の上を歩き回ります。幼虫は朽ち木の中で育ちます。（体長16〜20mm）

キーワード➡夜行性、代表種

カブトムシ採りの時に探してみよう

森林

日当たりのよい山道にいるよ

森林

ヨツボシケシキスイ

コナラやクヌギなどの樹液が出ている場所によく来ています。黒い体に4つの赤いギザギザした模様があります。成虫は樹液のみをすいますが、幼虫は樹液のほか、小さな虫なども捕まえます。
（体長7〜14mm）

ナミハンミョウ

山道を歩いていると、ちょっと先に飛んではとまり、ちょっと先に飛んではとまりをくり返すため「道教え」と呼ばれます。幼虫は地面にほった穴の中でくらし、虫が近づくと顔を出して捕まえます。
（体長18〜20mm）

田んぼの周りなど水辺に多いよ

家周り 水辺 野原

春、花のところにたくさんいるよ

家周り 水辺 野原

アオバアリガタハネカクシ

しめった土の上にいて、ウンカなどの小さな虫を食べています。夏は明かりにすいよせられて、部屋の中に入って来ることもあります。つかむと毒液を出し、これが肌につくとやけどをしたようになります。（体長6〜7mm）

モモブトカミキリモドキ

小さな細長い昆虫で、花の蜜や花粉を食べています。春に多く、タンポポやアブラナなどの花に来ているのをよく見かけます。オスは後ろあしが太くなり目立ちますが、メスは太くなりません。
（体長5〜8mm）

広がる**ナラ枯れ**被害

カシナガの入った木はフラスが目立つ。

カシノナガキクイムシ

近年、コナラやクヌギなどのどんぐりの木が急に枯れてしまう「ナラ枯れ」が全国で急に増えています。その原因となるのがカシノナガキクイムシ（以下、カシナガ）です。カシナガの成虫は夏〜秋に幹に穴をあけて中に入りこみ、卵を産みます。幼虫は幹にあけられた穴の中で育ちます。この時カシナガは、ナラ菌を幹の中に持ちこみます。このナラ菌によって木が弱り、やがて枯れてしまうのです。カシナガの入った木は、フラスと呼ばれる細かい木くずが目立ちます。

日本の比較的あたたかい地域にもとからいた在来種ですが、近年急に数が増え、分布もどんどん広がっています。（体長4〜5mm）

この仲間は日本に約300種もいるよ

水辺　野原

ジョウカイボン

うす茶色のカミキリムシのようなすがたをしていますが、カミキリムシ科ではなくジョウカイボン科の昆虫です。身近な草むらにたくさんいて、花の蜜をすったり、小さな虫を食べたりしています。（体長14〜18mm）

昆虫標本も食べてしまうよ！

家周り　野原

ヒメマルカツオブシムシ

野外では花によく集まっています。しかし、家の中にも入りこみ、洋服や乾物などを食べて穴をあけてしまうため、害虫としてきらわれています。名前はかつお節を食べることからつけられました。（体長2〜3mm）

キーワード➡フラス、ナラ菌

28

日当たりのよい場所で
よく見かけるよ

幼虫

羽化直後のはねは黄色で
黒い星もない。

ナナホシテントウ

赤い上ばねに7個の黒い紋があるテントウムシ。幼虫・成虫ともにアブラムシを食べます。おどろくと死んだふりをして、あしの関節から黄色い汁を出します。
（体長5〜9mm）

家周り 水辺 野原

ナナホシテントウと同じような場所にいるよ

幼虫

ナミテントウ

ナナホシテントウとともにテントウムシの仲間を代表する種で、日当たりのよい場所にたくさんいます。幼虫・成虫ともにアブラムシを食べます。冬は木のくぼみや石の下などに集まって、集団で越冬します。（体長5〜8mm）

ナミテントウのいろいろな模様

ナミテントウの模様は個体によってさまざま。ここに紹介した以外にもいろいろな模様があるので、探してみてくださいね。

いろいろな**テントウムシ**

テントウムシの仲間もとても種類が多く、日本には約180種がいるといわれています。もちろん身近な場所にも何種類ものテントウムシがくらしています。ここで取り上げたテントウムシはもちろん、それ以外の種類もぜひ探してみてくださいね。

ヒメカメノコテントウ

日当たりのよい野原に多く、アブラムシを食べてくらしています。（体長3〜5mm）

カメノコテントウ

クルミやヤナギの木にいて、クルミハムシなどの幼虫を食べます。（体長8〜12mm）

キイロテントウ

植物の病気である「うどんこ病」の病原菌を食べています。（体長3〜5mm）

ウスキホシテントウ

うすい黄色の紋が10個あります。アブラムシを食べています。（体長3〜4mm）

ハラグロオオテントウ

日本最大級のテントウムシで、あたたかい地域に多く見られます。（体長11〜12mm）

ヒメアカボシテントウ

樹木につくカイガラムシの仲間を食べています。（体長3〜5mm）

モンクチビルテントウ

南方からやって来た外来種で、分布が北に広がりつつあります。（体長2〜3mm）

トホシテントウ

黒い紋が10個あります。草食でカラスウリなどを食べます。（体長5〜8mm）

ニジュウヤホシテントウ

ナス科植物の葉を食べることから、農業害虫とされています。（体長5〜7mm）

いろいろなハムシ

ハムシの仲間は、世界で約5万種、日本にも約600種がいるといわれ、身の周りでもたくさんの種類を見かけます。この仲間は幼虫・成虫ともに、植物の葉などを食べながらくらしており、種類によって食べる植物があるていど決まっています。

コガタルリハムシ

春に多く見られるハムシで、ギシギシやスイバの葉に群がります。（体長5mm）

ヨモギハムシ

ヨモギの葉によくつきます。体が銅色のものもいます。（体長7～10mm）

ウリハムシ

全身オレンジ色で、ウリ科植物の葉を食べます。（体長7～8mm）

クロウリハムシ

ウリ科植物のほか、キキョウやナデシコなども食べます。（体長6～7mm）

ブタクサハムシ

北アメリカ原産の外来種で、オオブタクサなどの葉を食べます。（体長3～5mm）

イタドリハムシ

イタドリやスイバなどの葉を食べます。春に多いハムシです。（体長7～10mm）

クロボシツツハムシ

赤い体に黒い模様があるハムシ。模様の形には個体差があります。（体長4～6mm）

トホシクビボソハムシ

クコの葉を食べます。上ばねに黒い模様がない個体もいます。（体長4～6mm）

キベリクビボソハムシ

ヤマノイモなどの葉を食べます。模様には個体差があります。（体長5～7mm）

アカガネサルハムシ

雑木林の周りにくらす美しいハムシで、初夏に多く見られます。（体長5 ～ 8mm）

ドウガネサルハムシ

ヤブカラシやブドウの葉を食べます。体が青っぽくかがやく個体もいます。（体長4mm）

イモサルハムシ

ヒルガオやサツマイモなどの葉を食べ、体の色は個体差があります。（体長5 ～ 6mm）

ジンガサハムシ

体は金色で、縁はすきとおっています。ヒルガオを食べます。（体長7 ～ 8mm）

カメノコハムシ

シロザの葉の上でよく見かける平べったい体のハムシです。（体長6 ～ 7mm）

イチモンジカメノコハムシ

縁がすきとおった平たい体のハムシ。ムラサキシキブの葉を食べます。（体長8mm）

自分のフンにまみれて身を守る

トホシクビボソハムシの幼虫

ハムシの仲間の幼虫は、小さな「いもむし」のようなすがたをしていて、外からの攻撃には無防備です。そこで敵から身を守るための手段として、自分のフンを背中にのせて幼虫時代をすごす種類も少なくありません。背中にフンをどんどんのせていくと、やがてどろのかたまりのようなすがたになります。これで敵に見つからないようにしています。

家の周りに飛んで来ることもあるよ

家周り　森林

ゴマダラカミキリ

都市周辺にも多く見られる身近なカミキリムシで、黒い体に白い点々の模様が入ります。カミキリムシの仲間は捕まえるとキイキイと音を出してあばれ、丈夫なあごでかみつこうとしてきます。
（体長25 〜 35mm）

最近急に増えてきているよ！

家周り　森林

ツヤハダゴマダラカミキリ

中国〜朝鮮原産でゴマダラカミキリによく似ています。幼虫はいろいろな種類の木の幹に入り、中を食いあらします。街路樹や果樹への被害が心配されるため、特定外来生物に指定されています。
（体長20 〜 35mm）

ヤナギの木が多い河川敷も要チェック！

水辺　森林

シロスジカミキリ

日本最大級のカミキリムシのひとつで、幼虫はクリやヤナギなどの幹の中で育ちます。上ばねにある模様はふつううすい黄色ですが、しだいに色がうすくなっていき、死ぬと完全に白くなります。
（体長40 〜 55mm）

クワ科の樹木の周りにいるよ

家周り　森林

キボシカミキリ

クワやイチジクなどを食べるカミキリムシです。そのため桑畑の害虫とされています。名前のとおり、体に黄色い模様がありますが、模様の入りかたや色のこさには個体差があります。
（体長14 〜 30mm）

キーワード➡特定外来生物

都市の近くにもくらしているよ　森林

ウスバカミキリ

雑木林でよく見かける大きなカミキリムシです。夜行性で明かりに飛んで来ることもあります。気があらく、ほかの虫とけんかをしたり、捕まえるとかみつこうとしたりします。（体長30〜55mm）

明かりにもよく飛んで来るよ！　森林

ノコギリカミキリ

雑木林で木の幹にとまっているのをよく見かけます。触角のギザギザした感じがノコギリのように見えることから、その名前がついたといわれています。夜行性で、木の皮などを食べています。（体長23〜48mm）

竹やぶの周りで見かけるよ　森林

ベニカミキリ

赤い体のカミキリムシ。成虫は昼に活動し、さかんに飛び回りながら、花の蜜をすっています。幼虫が枯れた竹を食べて育つため、竹やぶの周りに多く見られます。（体長13〜17mm）

カラムシが生えていたら要チェック！　家周り　野原

ラミーカミキリ

中国からやって来た外来種です。ラミーは繊維をとるために栽培される植物で、それの葉を食べています。日本の野外では、ラミーと同じ仲間のカラムシや、ムクゲの葉の上で見かけます。（体長10〜15mm）

キーワード➡雑木林

花の周りで
よく見かけるよ

家周り　水辺　野原

樹液のところにも
よく来るよ

野原　森林

コアオハナムグリ

ハナムグリの仲間で一番数が多く、よく見かける種類です。さまざまな花にやってきて、花にもぐるように頭をつっこんで花粉や蜜を食べています。体はふつう緑色ですが、茶色っぽい個体もいます。（体長13〜15mm）

シロテンハナムグリ

体の色がカナブンに似ていますが、上ばねにはたくさんの白い点々があります。樹液やくさった果実のほか、花の蜜や花粉も食べます。シラホシハナムグリなど、よく似た種類が何種かいます。（体長18〜25mm）

樹液のところでよく見るよ

森林

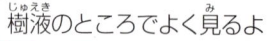

河川敷の草むらでよく見かけるよ

水辺　野原

カナブン

昼夜関係なく、樹液に集まります。頭の先が四角形になっていて、これがほかのコガネムシの仲間との見分けポイントになります。体の色は変化が大きく、アオカナブンと似ている緑色の個体もいます。（体長23〜32mm）

コガネムシ

コガネムシ科の代表種で、あざやかな緑色の金属光沢が美しい昆虫です。体にすじや点々はありません。幼虫は土の中で植物の根を食べ、成虫は種類を問わずさまざまな植物の葉を食べます。（体長17〜24mm）

いろいろなコガネムシ

コガネムシ科の昆虫は日本に約360種。動物のフンを食べる「食糞群」と、植物（花、樹液、葉など）を食べる「食葉群」に分けられます。いずれも体はかたく、金属のようにかがやきます。ファーブル昆虫記に登場するフンコロガシもコガネムシ科の昆虫です。

クロハナムグリ

ハルジオンなどの花に来て、花粉や蜜を食べます。
（体長13〜15mm）

アオドウガネ

もともと西日本の種類ですが、東日本でも数が増えています。（体長18〜25mm）

ドウガネブイブイ

成虫はブドウなどの葉を、幼虫は植物の根を食べます。
（体長17〜25mm）

セマダラコガネ

背中のまだら模様は、個体によって少しずつちがいます。
（体長8〜14mm）

マメコガネ

海外ではジャパニーズビートルと呼ばれています。
（体長9〜14mm）

コフキコガネ

体の表面は黄土色のこなをふいたようになっています。
（体長24〜32mm）

ヒラタアオコガネ

幼虫は芝生の根を食べるためゴルフ場などでは害虫とされます。（体長9〜12mm）

コイチャコガネ

コナラなどの樹木の葉を食べるので雑木林でよく見かけます。（体長9〜12mm）

ビロウドコガネの仲間

ずんぐりした体形で、短い毛がびっしりと生えています。
（体長8〜10mm）

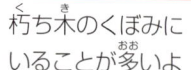

地面の近くで見られるよ

朽ち木のくぼみにいることが多いよ

森林

センチコガネ

フンを食べる昆虫で、地面を歩いたり、低く飛んだりしながらエサを探します。メスは土の中にフンを運び、そこに卵を産みます。体は金属のようにかがやき、紫や緑など、個体によって色がちがいます。（体長12〜22mm）

コカブトムシ

日本に生息するカブトムシの仲間で、オスは小さなツノがあります。また胸の部分がへこんだようになっています。朽ち木のくぼみにいて、昆虫の死がいなどを食べてくらしています。
（体長18〜26mm）

夏の夜、樹液の出る木に来るよ

森林

カブトムシ

夜行性でクヌギなどの木の幹からしみでる樹液をなめにやって来ます。オスは大きなツノがあり、このツノで樹液に来たほかの虫とたたかうこともあります。あしの先はするどい「かぎ爪」になっていて、これでがっしりと木につかまります。明かりにもよく飛んで来ます。
（体長♂27〜55mm、♀35〜48mm）

幼虫は白いイモムシ型。落ち葉がバラバラになってできた腐葉土と呼ばれる土の中でくらしている。

キーワード➡かぎ爪、腐葉土

夏の樹液レストランの常連さん

森林

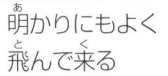

明かりにもよく
飛んで来る

水辺　森林

ノコギリクワガタ

カブトムシとともに、夏の夜の雑木林の樹液レストランでおなじみの存在です。オスの大あごの大きさや形は個体差があります。
（体長♂26 ～ 75mm、♀24 ～ 42mm）

コクワガタ

ノコギリクワガタとともに、都市の近くでも見られる身近なクワガタムシの仲間です。明かりにもよく飛んで来ます。また成虫のまま冬越しする個体もいます。
（体長♂18 ～ 54mm、♀18 ～ 32mm）

カブトムシが来る木

シラカシ

カブトムシなどの昆虫が来るのは、コナラやクヌギ、シラカシ、それからマルバヤナギなどの木から出る樹液です。樹液を出すのは若い木ではなく、あるていど年数のたった木です。近年は急速に広がるナラ枯れ（→p27）の影響が心配されます。

クヌギ

マルバヤナギ

キーワード➡個体差

身の回りに
何種類もいるよ

家周り　水辺　野原　森林

コメツキムシの仲間

コメツキムシの仲間はとても種類が多く、日本に約700種いるといわれています。この仲間は体をうら返しにすると、頭と胸の間を折り曲げてパチンとはじけるようにジャンプして起きあがります。
（体長は種類による）

森林

木の高いところを
飛び回っているよ

ヤマトタマムシ

宝石のように全身が緑色にかがやく昆虫です。ふだんはサクラやエノキなどの大木の高いところを飛び回っていますが、メスは朽ち木に産卵するために下のほうに下りて来ることがあります。
（体長25～40mm）

ケヤキやエノキなどの葉を食べるよ

家周り　森林

ナミガタチビタマムシの仲間

エノキやケヤキ、ムクノキなどに群がってつき、葉を食べて穴だらけにします。この仲間はどれもよく似ていて見分けはむずかしいですが、比較的数が多いのはヤノナミガタチビタマムシという種類です。（体長3～4mm）

枯れ草の下にいる
ことが多いよ

家周り　水辺　野原　森林

ヨツボシテントウダマシ

落ち葉や枯れ草の下などにいて、キノコやくさった植物を食べています。とても動きがすばやく、すぐに草かげにかくれてしまうため観察するのは大変です。成虫のまま石の下などで冬越しします。
（体長4～5mm）

コウチュウ目

初夏の夜、黄緑色の光を放ちながら
舞うゲンジボタル。

山のほうに行くと
よく見られるよ

水辺

ゲンジボタル

初夏の夜、オスは光りながら飛んでメス
を探します。光りかたは地域によってちがい、ふつう西日本では2秒に1回、東
日本では4秒に1回です。幼虫は水の中
でカワニナなどを食べて育ちます。
（体長12～18mm）

平地でよく見られる種類だよ

水辺

ヘイケボタル

ゲンジボタルに似ていますが、胸の真ん
中を通る黒い帯の形がちがいます。平地
の水田に多く、幼虫はモノアラガイなど
を食べています。強い光と大きな音が苦
手なので観察する時は静かにしましょう。
（体長7～10mm）

林のふちや草むらにいるよ

野原　森林

オバボタル

陸にすむホタルで、昼間も活動していま
す。幼虫は朽ち木や石の下にいて、小さ
な虫などを捕まえて食べます。幼虫やさ
なぎはわずかに光りますが、成虫はほと
んど光りません。（体長7～12mm）

クズの葉の上によくいるよ

家周り　水辺　野原

コフキゾウムシ

おもにクズの葉を食べる小さなゾウムシですが、ダイズなどほかのマメ科植物にもつきます。体の表面がエメラルドグリーンの鱗片でおおわれています。おどろくと死んだふりをしてポトッと落ちてしまいます。（体長4〜7mm）

クズの茎にとまっているよ

家周り　水辺　野原

オジロアシナガゾウムシ

クズの茎にしがみつくようにとまっています。おどろくとあしをたたんで死んだふりをし、ポトッと落ちます。メスは茎の中に産卵し、幼虫は茎の中で育ちます。（体長9〜10mm）

水辺　野原

タデ科植物の葉の上にいるよ

カツオゾウムシ

赤茶色で細長い形の体が、まるでかつお節のように見えることからその名がつけられました。草むらでは、同じ仲間で体が黒っぽくて白いななめの線が入るハスジカツオゾウムシもよく見られます。（体長10〜12mm）

どんぐり虫の正体

どんぐり虫はどんぐりの中にいる幼虫

コナラシギゾウムシの成虫

拾ってきたどんぐりをそのままにしておくと中から小さなイモムシのようなものが出て来ることがあります。これが「どんぐり虫」と呼ばれるもので、その正体はゾウムシの仲間の幼虫です。

キーワード➡鱗片

水の中にくらすコウチュウ

水中でくらす昆虫のことをまとめて水生昆虫といいます。コウチュウ目には水生昆虫も多く、その代表はゲンゴロウやガムシ、ミズスマシの仲間です。とはいえ魚のように水中呼吸はできません。ゲンゴロウなどは腹のところに空気をためて泡をつくり、それをつかって呼吸をします。ミズカマキリのように、呼吸するための管を水の外に出して呼吸するものもいます。

空気の泡

水中にいるゲンゴロウの仲間は、腹のところに空気をためてつくった泡がある。

ハイイロゲンゴロウ

ゲンゴロウの仲間ではもっともよく見られる種類で、プールや水たまりにもやって来ます。（体長10〜17mm）

ヒメゲンゴロウ

身近な池などに多いゲンゴロウの仲間。はねは茶色で細かい黒い点がびっしりとあります。（体長11〜13mm）

コシマゲンゴロウ

田んぼなどで見られるゲンゴロウの仲間で、はねに茶色と黒の細かい縦じま模様があります。（体長9〜11mm）

コガムシ

腹に1本の針のようなものがあります。水田や池などに多く、明かりにもよく飛んで来ます。（体長16〜18mm）

ゴマフガムシ

小さなガムシの仲間で、水田など水の浅いところにくらします。明かりにも飛んで来ます。（体長6〜7mm）

コガシラミズムシの仲間

水田などに見られる小さな水生昆虫です。よく似た種類が何種類かいます。（体長3〜4mm）

チョウ・ガの仲間

チョウ目

チョウやガの仲間はとても種類が多く、わかっているだけで15万種います。日本には約240種のチョウと、約6000種のガが知られています。この仲間の幼虫はイモムシや毛虫のすがたをしており、成虫は大きな4枚のはねがあります。はねは鱗粉におおわれ、さまざまな色や模様をしています。

家周り　森林

かんきつ類が大好き！

幼虫

ナミアゲハ

ミカンの仲間の果物をかんきつ類といいます。幼虫はこのかんきつ類を食べて育つため、これらが植えられている家の周りでよく見かけます。前ばねのつけ根に白い筋の模様がならびます。
（開張65〜90mm）

家周り　水辺　野原　森林

ナミアゲハとともに、身近でよく見かけるアゲハチョウの仲間だよ！

キアゲハ

海の近くから高い山の山頂まで、さまざまな場所で見ることができるアゲハチョウです。ナミアゲハに似ていますが、前ばねのつけ根は黒っぽく、筋模様にはなりません。成虫は花の蜜をすい、特に赤色系の花を好みます。
（開張70〜90mm）

キアゲハの幼虫はセリやニンジンなど、セリ科の植物の葉につきます。

キーワード➡かんきつ類、鱗粉

チョウ目

ツツジやクサギ、ヒガンバナの花が好き

家周り　野原　森林

クロアゲハ

平地に多いアゲハチョウで、幼虫はかんきつ類の葉を食べて育ちます。街中でも見かけますが、北海道には生息していません。後ろばねに尾状突起と呼ばれるしっぽのようなものがあります。（開張80〜110mm）

街中でもよく見かけるよ！

家周り　森林

アオスジアゲハ

幼虫が食べるクスノキは、公園樹や街路樹として植えられるため、街中でもよく見かけます。飛ぶのがとても速く、花の蜜や地面の水をすっている時もはねを立ててパタパタと動かしています。（開張55〜65mm）

くさいツノでおどろかす！

臭角を出したナミアゲハの幼虫

アゲハチョウの仲間の幼虫は、危険を感じると頭と胸の間から、臭角と呼ばれるツノを出します。臭角はとてもくさく、鳥などの天敵はいやがります。これで食べられないように身を守っています。

あたたかい地域に多く見られるよ

家周り

ナガサキアゲハ

これまで九州などあたたかい地域にのみ生息していましたが、最近は関東付近まで分布を広げています。大型のアゲハチョウで、近くを通ると羽音が聞こえます。後ろばねにクロアゲハのような突起はありません。（開張90〜120mm）

キーワード➡尾状突起、天敵

幼虫はアオムシと呼ばれる。

家周り　野原

畑の周りに多いよ

幼虫

林の周りを探してみよう！

家周り　森林

スジグロシロチョウ

はねの脈にそって黒い筋の模様が入ります。幼虫の食草のひとつショカツサイが庭や花だんに植えられるため、街中でも見かけます。オスは捕まえるとレモンのような香りがします。
（開張50〜60mm）

モンシロチョウ

幼虫がキャベツなどのアブラナ科野菜を食べて育つため、畑の周りで特によく見かけます。モンシロチョウは紫外線という人の目には見えない光が見え、オスはそれでメスを識別しています。
（開張45〜50mm）

水辺　野原

日当たりのよい場所にいるよ

マメ科植物があるところによくいる

家周り　水辺
野原　森林

キタキチョウ

はね全体が黄色いチョウで、成虫で冬越しします。とまる時は常にはねをとじています。同じ仲間のミナミキチョウは南西諸島に生息しています。幼虫はヤマハギやメドハギなどマメ科植物を食べます。（開張35〜45mm）

モンキチョウ

はねの表側（開いた時に見える部分）には黒い模様があります。メスの中には白っぽいはねの個体もいます。幼虫はシロツメクサなどのマメ科植物で育ちます。
（開張45〜50mm）

チョウ目

家周り　野原

家の周りや街中にも
たくさんいるよ

林のふちで特に
よく見かけるよ

家周り　水辺　野原　森林

ヤマトシジミ

家の周りで一番よく見かけるシジミチョ
ウで、幼虫はカタバミを食べて育ちます。
もともと北日本にはあまりいないのです
が、近年分布を北に広げつつあります。
（開張23〜29mm）

ルリシジミ

オスははねを広げるとあざやかな水色を
していて、名前のルリもそこからきてい
ます。幼虫の食草はヤマハギやクズなど
で、成虫は花の蜜をすいます。オスは花
の蜜のほかに地面の水もよくすいます。
（開張23〜33mm）

シロツメクサが大好き！

家周り　水辺　野原

ツバメシジミ

日当たりのよい野原に多く、幼虫はシロ
ツメクサやカラスノエンドウを食べて育
ちます。成虫は後ろばねにツバメのしっ
ぽのような突起があります。
（開張20〜25mm）

シジミチョウはシジミと関係あるの？

シジミチョウ科の昆虫は、日本に70〜
80種ほどいるといわれています。小さ
な種類が多く、はねをとじたすがたが、
貝のシジミの内側のように見えることか
らそう呼ばれるようになったという説が
あります。ちなみにシジミチョウは漢字
で「小灰蝶」とも書きます。

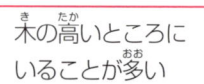

日当たりのよい野原にたくさんいるよ

家周り　水辺　野原

ベニシジミ

小さいながらもあざやかなオレンジ色が美しいシジミチョウです。夏にあらわれる個体ははねのオレンジ色が黒っぽく見えます。幼虫はスイバやギシギシの仲間の葉を食べて育ちます。
（開張27〜35mm）

木の高いところにいることが多い

家周り　森林

ウラギンシジミ

成虫で冬越しするチョウで、はねのうら側は銀白色です。幼虫はクズやフジの葉を食べて育ちます。成虫はあまり花の蜜はすわず、くさった果実や動物のフンの汁を好みます。（開張38〜40mm）

はねを広げると、オスはオレンジ色、メスはやや水色がかった灰色の模様があります。

オス

メス

春と秋の晴れた日がおススメ！

森林

ムラサキシジミ

宮城県より南の地域に見られ、成虫で冬越しします。はねをとじていると枯れ葉のようですが、開くと美しい青紫色です。晩秋や早春の晴れた日は、はねを広げて日光浴をするため、観察しやすくなります。（開張32〜37mm）

チョウ目

カナムグラのある場所に多くいるよ

水辺　野原

キタテハ

成虫のまま冬を越すチョウで、秋〜春（秋型）と、夏（夏型）とで、はねのようすが少しちがいます。成虫は昼に活動し、花の蜜やくさった果実、樹液などをすいます。幼虫はカナムグラを食べて育ちます。（開張50 〜 60mm）

街の公園の花だんにも飛んで来るよ

家周り　水辺　野原　森林

アカタテハ

日本中どこでも見られるチョウで、成虫のまま冬越しします。日あたりのよい草原に多く、成虫は昼間花の蜜などをっています。幼虫はイラクサ科の植物（カラムシなど）のところでよく見かけます。（開張60mm）

秋になるとよく見かけるよ

家周り　水辺　野原　森林

ヒメアカタテハ

成虫で冬越しするのは関東より西のあたたかい地域にかぎられます。秋になると数が増え、すずしい地域でも見られるようになります。日当たりのよい場所に多く、地面にとまるすがたをよく見かけます。（開張40 〜 50mm）

キーワード➡夏型、秋型

ヒメアカタテハの巣

ヒメアカタテハの幼虫は、口から糸を出して、葉をつないでかんたんな巣をつくり、その中で生活しています。ヨモギの葉でよく見られますが、イラクサの仲間やゴボウ、チチコグサモドキなどの植物に巣をつくることもあります。

雑木林の周りにいるよ

森林

コミスジ

雑木林の周りに多く、スイーッ、スイーッと滑空するように舞います。ふつうはねを広げてとまり、3本の白い筋が目立ちます。幼虫はフジやクズなどマメ科植物の葉を食べて育ちます。
（開張45〜55mm）

山道でよく見かけるチョウだよ

野原 森林

ミドリヒョウモン

林の周りにいるチョウで、はねをとじた時の後ろばねは緑っぽく、3本の白い帯があります。幼虫はスミレの仲間の葉を食べて育ちます。成虫は花の蜜をすい、オスは地面などから吸水します。
（開張65〜75mm）

ツマグロヒョウモン

もともとはあたたかい地域のチョウでしたが分布が拡大していて、2000年代からは関東地方でもたくさん見かけるようになりました。はねを広げた時の模様がオスとメスとで大きくことなります。
（開張60〜70mm）

街中でよく見かけるチョウのひとつだよ

家周り 野原

メス

ヒョウモンチョウの仲間は、はねをとじた時の模様が重要な見分けポイントになっている。

幼虫はパンジーなどスミレ科の植物を食べる。赤と黒の毒々しいすがただが、毒はない。

チョウ目

昼間、樹液のある場所に集まるよ

ゴマダラチョウ

雑木林とその周りで見られるチョウで、成虫は樹液のほか、くさった果実を食べます。幼虫はエノキの葉を食べますが、同じエノキの葉を食べる外来種のアカボシゴマダラが近年急に増えていて、それにおされる形で数をへらしています。
（開張60 〜 85mm）

本州のものは中国原産で、特定外来生物に指定されている

夏型

アカボシゴマダラ

本州（関東〜東海）と奄美で見られ、昼間、雑木林の周りを飛びます。本州のものは中国原産の外来種で、人の手によって放たれたものが増えてきています。幼虫は本州ではエノキ、奄美ではクワノハエノキを食べています。（開張70 〜 85mm）

春型

春型のはねは白っぽくて、後ろばねの赤い模様がない。

幼虫

幼虫はエノキの葉にいて、頭にはツノのような突起がある。

キーワード➡春型

水辺 野原

草むらの低いところをちらちらと飛ぶよ

草の多い場所で見られるよ

家周り 水辺 野原 森林

ヒメウラナミジャノメ

ジャノメ（蛇の目）はヘビの目のことです。その名のとおり、はねには眼状紋と呼ばれる目玉模様があります。身近なチョウですが、街中では数をへらしつつあります。（開張32 ～ 35mm）

ヒメジャノメ

木があまり生いしげっていないような、明るい草むらでよく見かけるチョウです。幼虫はススキなどのイネ科植物やカヤツリグサ科植物を食べます。うす暗い林内には、よく似たコジャノメがいます。（開張40 ～ 45mm）

森林

山道でよく見かけるチョウだよ

テングチョウ

成虫で冬越しをするチョウで、顔の先がまるでてんぐの鼻のようにつき出て見えます。幼虫はエノキの葉を食べて育つため、エノキが多く生える林のところにいます。（開張40 ～ 50mm）

ネコのような顔のイモムシ

ヒメジャノメの幼虫は、イモムシ型ですが、頭に耳のような突起が2つあり、まるでネコのような顔をしています。同じ仲間のヒメウラナミジャノメやサトキマダラヒカゲなども、幼虫はネコのような顔をしています。ぜひ探してみてくださいね。

キーワード➡眼状紋、イネ科、カヤツリグサ科

チョウ目

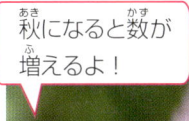
一番身近な
セセリチョウだよ

 家周り 水辺 野原

秋になると数が
増えるよ！

家周り 水辺 野原 森林

イチモンジセセリ

後ろばねに4つの白い模様が1列にならびます。鳥のフンがあると、腹の先から水分を出してとかしてすう「すいもどし」をします。幼虫はイネ科植物の葉を食べるため、イネの害虫とされることがあります。（開張34～40mm）

チャバネセセリ

あたたかい地域に多いのですが、秋に向けて数がどんどん増えていき、秋本番をむかえるころには本州でもよく目にするようになります。イチモンジセセリに似ているものの、はねの白い模様のならびがちがいます。（開張34～37mm）

森林

林の周りを探してみよう

森林

6～8月ごろに見られるよ

ダイミョウセセリ

はねを広げてとまるタイプのセセリチョウです。東日本と西日本とではねの白い模様の入りかたがちがいます。幼虫はヤマノイモ科植物の葉を折り曲げた巣をつくり、その中で葉を食べながら育ちます。（開張33～36mm）

キマダラセセリ

林の周りにある草地でよく見かけるセセリチョウで、はねは黄色っぽくまだら模様になっています。この仲間はよく似た種類が何種類かいますが、もっともふつうに見かけるのがこのキマダラセセリです。（開張25～32mm）

キーワード➡すいもどし、ヤマノイモ科

みのむしの仲間

「みのむし」の正体は、ミノガ科に分類されるガの幼虫です。日本には30種くらいいるとされ、幼虫は枝や葉などをつかって「みの」をつくり、その中でくらしています。

オオミノガ

「みのむし」の代表種ですが、中国から来たオオミノガヤドリバエの影響を受け、かなり少なくなりました。
（♂35mm、♀25〜35mm）

チャミノガ

みのは小枝が多く、枝に対してななめにつきます。チャ（茶葉をとる木）にかぎらずさまざまな植物の葉を食べます。
（♂27mm、♀15〜20mm）

クロツヤミノガ

細長いみのをつくる「みのむし」で、コンクリートやガードレールなどの人工物にもよくぶら下がっています。
（♂18〜20mm、♀17mm）

ニトベミノガ

大きめの葉を何枚もつけて、ビラビラした感じのみのをつくります。東北ではリンゴの害虫とされています。
（♂23〜27mm、♀17mm）

オオミノガのオス

ミノガの仲間の成虫は、オスとメスとでくらしかたがことなります。オスは成虫になるといわゆるガのすがたになり、飛び回ってメスを探します。一方のメスは、成虫になってもはねはなく、ずっとみのの中でくらします。飛んで来たオスとみのの中で交尾をし、自分のぬけがらに卵を産みます。

※ミノガの仲間の大きさは、オス（♂）が開張、メス（♀）が体長であらわします。

さなぎのから（羽化後）

幼虫

幼虫はサクラやカキなどの木の葉によくついているよ

ヒロヘリアオイラガ

中国〜インド原産の外来種。成虫に毒はありませんが、幼虫は毒をもったとげがあります。幼虫はサクラやカキによくつくため、それらの木の近くではさされないように注意しましょう。
（開張30mm）

チョウ目

家周り　水辺　森林

電気虫とも呼ばれている

イラガの仲間の幼虫は、毒をもったとげがたくさん生えているため、うっかりさわると、はげしく痛みます。この時の痛みが、まるで電気が走ったようであることから電気虫とも呼ばれています。もしさされたら粘着テープでとげを取りのぞき、症状がひどい時は皮ふ科でみてもらいましょう。

日本在来種のイラガの幼虫

成虫は明かりにも飛んで来るよ

家周り　森林

幼虫

チャドクガ

幼虫はツバキの仲間の葉に群がります。卵から成虫まで、すべての段階で毒針毛（毒をもった毛）をもち、さわるとはげしいかゆみにおそわれます。脱皮がらや死がいについた毒針毛でもかぶれます。
（開張25〜35mm）

キーワード➡羽化、脱皮がら、毒針毛

54

マイマイガの成虫はオスとメスですがたがちがう。

幼虫

マイマイガの幼虫。
頭に目のような模様がある。

ときどき大量発生するよ！

家周り　森林

マイマイガ

日本だけではなく、北半球に広く分布する種類で、10年に1回の割合で大発生します。メスはかべなどにとまり、あまり動きませんが、オスは日中ひらひらと飛び回ります。ふ化したばかりの幼虫のみ、わずかに毒針毛をもち、それにふれるとかぶれます。
（開張♂48mm、♀77mm）

ウメの木の周りに多いよ

家周り　森林

ウメエダシャク

梅雨入り前後にウメの木の周りをひらひらと飛んでいるのをよく見かけます。幼虫はウメにかぎらずニシキギやスイカズラなど、さまざまな種類の葉を食べます。よく似た仲間が何種類かいます。
（開張35 〜 46mm）

尺取虫はどうして尺取？

シャクガの仲間の幼虫は尺取虫と呼ばれています。昔は長さを尺であらわしました。手を広げた時、親指の先から中指の先までの長さが1尺の半分です。手をつかって尺を取る（＝測る）時の動きに似ていることからそう呼ばれているのです。

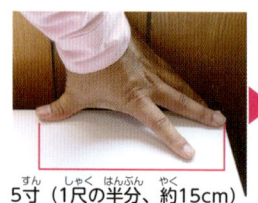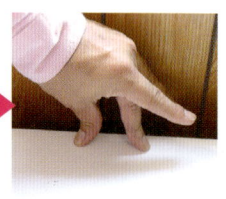

5寸（1尺の半分、約15cm）

指を動かしながら長さを測るようすは、尺取虫の動きに似ている。

チョウ目

秋になると数が増えるよ

シロオビノメイガ

夏から秋にかけ、昼間活動し、葉の上で休んだり、花の蜜をすったりしています。幼虫は小さなイモムシで、ホウレンソウやダリア、ケイトウなどを食べるため害虫とされることもあります。（開張21～24mm）

春早くから見られるよ

家周り 森林

マエアカスカシノメイガ

成虫のはねは白くすきとおり、光の当たりかたによってほんのり虹色にかがやいて見えます。休む時は葉のうら側にかくれる傾向があります。幼虫はライラックやキンモクセイなどモクセイ科の樹木を食べます。（開張30mm）

水辺 野原

昼の原っぱでよく見かけるよ

カノコガ

カノコは漢字で「鹿の子」と書きます。はねの模様が、子鹿の背中の模様に似ていることから、こう名づけられました。日当たりのよい野原に多く、昼間活動し、花の蜜をすっています。（開張30～37mm）

森林

林の周りのうす暗いところに多いよ

ホタルガ

昼間、うす暗い場所をひらひらと飛んでいるすがたをよく見かけます。幼虫はヒサカキなどの葉を食べます。つつくと毒液を出し、それにふれるとかぶれることがあります。（開張♂44mm、♀51～52mm）

昼間、花の蜜をすいに来るよ

オオスカシバ

幼虫が食べるクチナシは街中にも植えられるため、都市部でも見かけます。成虫は羽化するとはねの鱗粉をすべてふり落とします。そのためはねはとうめいで、まるでハチのように花から花へと飛び回ります。(開張50 〜 70mm)

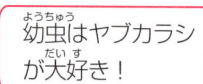

幼虫はヤブカラシが大好き！

セスジスズメ

成虫は胴体の背の真ん中に2本の白いラインがあります。このラインがよく似た種類との見分けポイントになります。幼虫はヤブカラシのほか、サトイモやホウセンカなどの葉を食べて育ちます。(開張60 〜 80mm)

夜咲く花の蜜をすいに来ることも

森林

ベニスズメ

成虫はあざやかな紅色で、夕方から夜にかけて活動します。マツヨイグサなど夜咲きの花の蜜や樹液などをすいます。幼虫は大きなイモムシで、アカバナ科やツリフネソウ科などの葉を食べて育ちます。(開張50 〜 70mm)

ツノのあるイモムシ

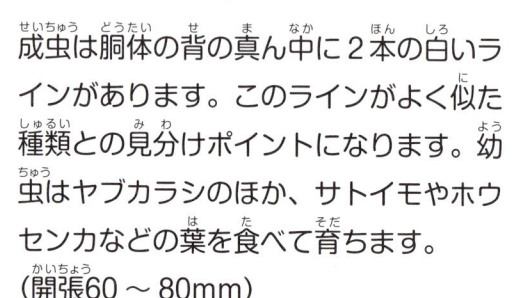

尾角

セスジスズメの幼虫

スズメガの仲間の幼虫は、体の後ろ側に「尾角」と呼ばれる細長いツノのようなものをもっています。この尾角をぴょこぴょこと動かしながら移動するようすもよく見られます。スズメガ以外のガの仲間でも幼虫に尾角をもつ種類がいます。

キーワード➡夜咲き、アカバナ科、ツリフネソウ科

チョウ目

明かりにもよく飛んで来るよ

家周り　森林

アカエグリバ

とまっていると、まるで枯れ葉のように
見えるガで、成虫のまま冬越しします。
幼虫はアオツヅラフジの葉を食べますが、
成虫はモモやミカンなどの果実に口吻を
さし、中の汁をすいます。
（開張40〜50mm）

幼虫

野原　森林

成虫は樹液に
よく来るよ

フクラスズメ

成虫は夜行性で、カブトムシとともに樹
液レストランによくやって来ます。幼虫
は派手な色の毛虫で、つつくと体をはげ
しくゆらして威嚇します。カラムシなど
の葉を食べて育ちます。（開張88mm）

夏の夜、樹液をすいに来ているよ

森林

キシタバ

キシタバの仲間はよく似た種類が多い
ものの、その中でもっともふつうに見ら
れる種類です。前ばねの模様は地味です
が、はねを広げた時に見える後ろばねは、
黄色と黒のとても派手な模様をしていま
す。（開張52〜70mm）

家周り　水辺　野原　森林

畑の周りに多いよ

カブラヤガ

幼虫は土の中でくらし、畑の野菜などの
根を食いちぎってしまいます。そのため
同じ仲間のタマナヤガとともに、「ネキ
リムシ」とも呼ばれています。
（開張38〜40mm）

キーワード➡口吻、威嚇、ネキリムシ

家周り 水辺 野原 森林

クワの木の周りにいるよ

さなぎ

クワゴ

絹糸をとるために飼育されるカイコのもとになった野生種です。成虫は明かりにも飛んで来ます。幼虫はクワの仲間の葉を食べて育ちます。さなぎの時につくるまゆは絹のように白くかがやきます。
（開張♂33mm、♀44mm）

絹糸をとるために飼育されるカイコ

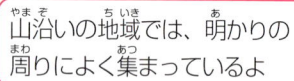
カイコのまゆ（さなぎ）

カイコはまゆから絹糸をとるために飼育されているガです。野生のクワゴから人の手によって飼いならされた結果登場した種類で、成虫の形はクワゴに似ていますが、白色で、飛ぶことはできません。

山沿いの地域では、明かりの周りによく集まっているよ

森林

オス

メス

さなぎ

ヤママユ

幼虫はコナラやサクラなどの葉を食べます。さなぎになる時にまゆをつくり、このまゆからは高級な糸がとれます。成虫のはねの色は個体差があります。
（開張♂135mm、♀140mm）

キーワード➡まゆ

街中でも見かけることがあるよ

森林

まゆは枝に
ぶら下がっている。

森林

成虫はなかなか
見られない

チョウ目

オオミズアオ

うすい青緑色の大きなガで、成虫は口がなく、何も食べません。成虫になってからの寿命は短く1週間ほどです。幼虫はサクラやクリなどの葉を食べて育ちます。
（開張♂80〜110mm、♀85〜120mm）

ウスタビガ

成虫になってからの寿命がとても短く、すぐに交尾・産卵して死んでしまいます。はねの丸い模様は少しすきとおっています。幼虫はさわるとキイキイ音をたてて威嚇します。（開張♂85mm、♀100mm）

秋に大発生することがあるよ

森林

まゆはかたいあみのようになっていて
「すかしだわら」とも呼ばれている。

クスサン

幼虫は大きくなると白くて長い毛が目立つので「しらがたろう」とも呼ばれます。クリやコナラなどのどんぐりの木を食べます。成虫は手のひらサイズの大きなガで、秋に多く見られます。
（開張♂120mm、♀125mm）

おどろくとはねを広げて、目玉のような模様
（眼状紋）を見せつける。

昆虫の擬態

生きものが、木の葉や枯れ枝などのフリをしたり、ほかの種類の生きものにすがたを似せたりすることを擬態といいます。敵から身を守る効果や、獲物を捕まえやすくする効果があります。また「危険」のイメージを定着させるために、危険生物どうしがお互いにすがたを似せ合うタイプの擬態もあります。

いんぺい擬態 食べられないように身をかくす

草や枝、枯れ葉、虫のフン、土などのフリをして、敵に見つからないようにするタイプの擬態をいんぺい擬態といいます。成虫で冬越しする昆虫の中には、いんぺい擬態を行うものが多く見られます。虫の体温は気温に影響され、寒いと体が動かなくなります。そのため敵に見つからないようにする必要があるからです。

ムシクソハムシ

虫のフン

身を守るために虫のフンに擬態したムシクソハムシ。

ツマキシャチホコの一種

ガの仲間のツマキシャチホコは枯れ枝にそっくり。枝の切り口やきずまでリアルに再現されています。

ホソミオツネントンボ

ホソミオツネントンボは成虫で冬を越します。冬の間は枝のフリをして、鳥に食べられないように身をかくしています。

ベイツ型擬態 危険生物のフリをして身を守る

毒や攻撃手段をもっていませんが、ほかの危険生物のフリをして身を守ろうとするタイプの擬態をベイツ型擬態といいます。ハチやテントウムシ、アリのフリをするものが多く見られます。

オオハチモドキバエ

ヨツスジトラカミキリ

ヒメアトスカシバ

3種類ともハチに擬態している。いずれも無毒でささない。

ペッカム型擬態 獲物を捕まえるために身をかくす

身を守るためではなく、獲物を捕まえるための擬態です。たとえばカマキリは、周りの草木と同じような色をして、見つからないようにじっと獲物を待ちぶせします。またルリクチブトカメムシのように仲間になりすまして、群れの中にそっと入りこみ、捕まえるものもいます。

ルリクチブトカメムシ

カミナリハムシの一種

ルリクチブトカメムシは、カミナリハムシを食べるために仲間のフリをしてまぎれこむ。

ミューラー型擬態 危険生物どうしですがたを似せ合う

「黄色と黒のしま模様の虫」「ハチ」「危険」というイメージがありますね。これはミューラー型擬態の効果によるものです。危険生物どうしが、お互いに擬態し合うことで、この色や形をしたものは危険と周りに知らせているのです。

毒針をもつハチの仲間は、似たような色やすがたをした種類が多い。

オオスズメバチ

コガタスズメバチ

キアシナガバチ

コアシナガバチ

ハチの仲間
ハチ目

ハチの仲間は4枚のうすいはねがあり、一部の種類はメスが毒針をもちます。アリも広い意味でハチの仲間に分類されます。巣をつくるもの、集団生活をするもの、狩りをするもの、ほかの虫に寄生するものなど、くらしぶりはさまざまです。日本に約4500種が知られています。

古くからツツジの害虫とされるよ

家周り　野原　森林

ルリチュウレンジ

幼虫はイモムシ型で、まるでガの幼虫のように見えます。ツツジの仲間の葉を食べて育つため街中の公園などでもよく見かけます。成虫は全身るり色にかがやき、飛び回って花の蜜をすっています。
（体長7 ～ 11mm）

ハバチの幼虫はイモムシ

ハグロハバチの幼虫

イモムシはチョウやガの幼虫、そんなイメージがありますが、じつはチョウ目以外にも幼虫がイモムシ型となる昆虫はたくさんいます。ハバチの仲間も幼虫は典型的なイモムシ型。葉について葉をムシャムシャ食べているすがたは、チョウ目のそれにそっくりです。

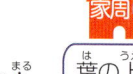
ハキリバチは葉を丸く切り取っていく。

家周り　野原　森林

葉の上などで休んでいるすがたをたまに見かけるよ

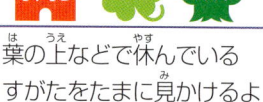

ハキリバチの仲間

日本には50種ほど知られています。丸く切り取った葉と樹脂などをつかって、竹筒の中などに巣をつくります。おとなしいハチですが、捕まえると身を守るためにさすことがあります。
（体長10 ～ 25mm）

特にフジの花が大好きだよ

 家周り 水辺

キムネクマバチ

 野原 森林

ブンブンと大きな羽音をたてて飛んで来ますが、性格はおだやかで手でつかまないかぎりはさしません。メスは枯れ木の幹をかじりながら巣をつくり、中に幼虫の部屋をつくります。(体長18〜25mm)

ハチ目

タイワンタケクマバチ

中国産の竹材にまじってきたと考えられています。日本のキムネクマバチに似ていますが、体が細めで、胸も黒色です。竹ぼうきや竹でつくった支柱や柵など、枯れた竹の中に巣をつくります。2006年に愛知県で発見され、年々数が増え、広がってきています。

アザミなどの花に来るよ

野原　森林

トラマルハナバチ

茶色の毛におおわれた、ふさふさとした感じのハチです。毛深い体は花粉がつきやすく、多くの植物の受粉に貢献しています。ネズミやモグラがほった古い巣穴をつかって巣をつくります。
(体長12〜20mm)

花の蜜をすいに来ることがあるよ

家周り　野原

セイヨウオオマルハナバチ

ハウス栽培の野菜(トマトなど)の受粉役として、ヨーロッパから持ちこまれました。腹の先が白いのが特徴です。現在は特定外来生物に指定され、許可を受けた農家のみがあつかえるようになっています。(体長10〜20mm)

土が見える地面に巣穴をほるよ

クロアナバチ

全身黒色で、顔に白い毛があります。キリギリスの仲間を捕まえ、麻酔をかけて動けなくした後、巣穴から土の中に運びこみ、卵を産みます。このように幼虫のために虫を捕まえるハチを狩りバチといいます。成虫は花の蜜をすいます。
（体長18〜31mm）

成虫は花の蜜をすうよ

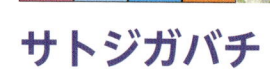

サトジガバチ

とても細長いハチで、おなかに赤色の部分があります。土の中に巣をつくります。そこに捕まえたイモムシを運びこみ、麻酔をかけて動けなくしてから卵を産みつけます。幼虫は土の中でそのイモムシを食べながら育ちます。（体長15〜30mm）

自分の体よりはるかに大きな
イオウイロハシリグモを運んでいる。

花の蜜をすったり、地面を歩き回ったりしているよ

ベッコウクモバチ

ベッコウバチとも呼ばれます。頭や触角、あしはあざやかなオレンジ色です。コガネグモなどの大きなクモを捕まえ、ほかの狩りバチと同じように幼虫のエサにします。（体長15〜27mm）

キーワード➡狩りバチ、麻酔

ハチ目

岩のくぼみなどに巣をつくるよ

家周り　水辺　野原

トックリバチの仲間

この仲間は、似たような種類がいくつかいます。家のかべや岩のくぼみなどに巣をつくり、中に卵を産みます。その後、イモムシなどを捕まえて巣に運び、幼虫に食べさせます。（体長10～15mm）

トックリ型の巣をつくる

トックリバチの仲間の巣

トックリバチの仲間は、土を水やだ液で固め、トックリのような形の巣をつくります。家のかべにもつくりますが、スズメバチとはちがい、攻撃性は弱く、何もしないかぎりさしてくることはありません。

石碑や家のかべに巣をつくるよ！

家周り　水辺　野原

スズバチ

家のかべなどに、どろで巣をつくります。その形が鈴に似ているので「鈴バチ」と名づけられました。トックリバチの仲間と同じように、イモムシなどを捕まえ、幼虫のために巣へと運びます。
（体長18～28mm）

成虫は花の蜜をすいに来るよ

家周り　水辺　野原

キンケハラナガツチバチ

ハラナガツチバチの仲間では比較的よく見る種類で、全体に黄金色の長い毛が多く生えています。この仲間は土の中にいるコガネムシ類の幼虫に卵を産み、幼虫はそれを食べて育ちます。
（体長♂16～23mm、♀17～27mm）

暖地では冬も活動するよ

家周り　水辺　野原

セイヨウミツバチ

はちみつをとるためにヨーロッパから持ちこまれました。性格はおだやかでつかんだりしないかぎりさすことはありません。ミツバチの仲間は、1度さすと体から毒針がぬけて、そのまま死んでしまいます。（体長12〜13mm）

いろいろな花にやって来るよ

家周り　水辺　野原　森林

ニホンミツバチ

もとから日本に生息しているミツバチで、セイヨウミツバチより黒っぽい色をしています。木の穴などに巣をつくります。巣にスズメバチが来ると、集団でとりかこみ、自らの体温で蒸し殺してしまいます。（体長11〜12mm）

田んぼの周りに多いよ

家周り　水辺　野原

ダイミョウキマダラハナバチ

ヒゲナガハナバチの巣に卵を産み、ヒゲナガハナバチに子育てをしてもらっています。メスのみでオスは見つかっていません。キマダラハナバチの仲間はとてもよく似た種類が何種類かいます。
（体長9〜13mm）

ミツバチの分蜂（巣分かれ）

ニホンミツバチは巣の中に新しい女王バチが誕生すると、古い女王バチは半分くらいの働きバチを連れて新しい巣をつくる旅に出ます。これを分蜂といいます。巣が見つかるまでの間は、1か所に集まってかたまりになって休みます。

キーワード➡はちみつ、女王バチ、働きバチ

花や樹液にもよく飛んで来るよ

オオスズメバチ

世界最大のスズメバチで、攻撃性・毒性ともに強く注意が必要です。胸背部は黒色でオレンジ色の模様があります。古い樹木の穴や土の中に大きな巣をつくります。虫を捕まえて肉団子にし、幼虫に食べさせます。またエサの確保のためにミツバチなどの巣をおそうことがあります。
（体長28 〜 46mm）

ハチ目

花の蜜や樹液をすいに来ることも

コガタスズメバチ

オオスズメバチに似ていますが、それよりはひと回り小さく、また胸背部は真っ黒でオレンジ色の模様はありません。家の軒先や生垣などに大きな丸い巣をつくります。昆虫などを捕まえたり、花や樹液の蜜をすったりします。
（体長20 〜 30mm）

スズメバチにご用心！

コガタスズメバチの巣

スズメバチは攻撃的な上にさされると命に関わることがあります。特に秋の営巣期は巣に近づいただけでも集団でおそってくることがあります。明るい色の服を着てぼうしをかぶり、スズメバチがつきまとって来た時は、静かにその場をはなれるようにして身を守りましょう。

キーワード➡胸背部

木の穴や岩の間などに巣をつくるよ

家周り 水辺 野原 森林

街中にも多いスズメバチだよ

家周り 水辺 野原 森林

ヒメスズメバチ

オオスズメバチの次に大きなスズメバチで、腹の先が黒いのが特徴です。ほかのスズメバチ同様にさされると危険ですが、性格は比較的おだやかです。花の蜜や樹液にもよく飛んで来ます。
（体長24 〜 35mm）

キイロスズメバチ

体に細かい毛がたくさん生えています。攻撃性が強い上に、家の周りなど身近な場所によく巣をつくるため、さされないように注意が必要です。北海道のものはケブカスズメバチと呼ばれます。
（体長17 〜 29mm）

自然ゆたかな里山で見かけることがあるよ

家周り 野原

クロスズメバチ

ジバチなどと呼ぶ地域もあります。性格はおだやかですが、巣を刺激したり、体をつかんだりするとさされることがあります。土の中に巣をつくり、幼虫やさなぎは「はちのこ」といい、食用にされます。
（体長10 〜 16mm）

アシナガバチの巣をおそう

ヒメスズメバチは、アシナガバチの巣をおそいます。巣の中にいるアシナガバチの幼虫やさなぎを捕まえて自分の巣に持ち帰り、幼虫の食べものにするためです。

キーワード➡はちのこ

ハチ目

身近な場所でよく見かけるよ

セグロアシナガバチ

街中にもよくいる身近なアシナガバチです。胸と腹をつなぐ部分（前伸腹節）は黒色です。よく似たキアシナガバチはこの部分に黄色い縦線が2本あります。新しい女王バチは集団で冬を越します。（体長18～26mm）

街中でもふつうに見られるよ

フタモンアシナガバチ

セグロアシナガバチとともに身近なアシナガバチで、腹に2個の小さな紋があります。秋の終わり、女王バチが越冬場所を探して洗たく物にもぐりこむことがあるため、それにさされないよう注意が必要です。（体長13～20mm）

庭やベランダに巣をつくることも

コアシナガバチ

日本に生息するアシナガバチの中では一番小さな種類です。巣は大きくなると上に反る傾向があります。仲間のキボシアシナガバチに似ますが、腹に明るい黄色の紋があります。（体長11～17mm）

アシナガバチの巣

キボシアシナガバチの巣

アシナガバチの仲間は、家の軒下や庭木など身近な場所に巣をつくります。攻撃性は低いものの、直接捕まえたり、巣をつついたりすると、さされる可能性があります。見えにくい場所に巣をつくることが多いので、気づかずうっかりふれてさされないよう気をつけましょう。

キーワード➡前伸腹節

70

家の周りなどどこにでもいるよ

公園や畑などの地面でよく見るよ

クロヤマアリ

一番よく見かけるアリです。アリの仲間の多くは家族で集団生活をし、卵を産む女王アリと、交尾をするために生まれるオスアリ、身の周りの世話をする働きアリ（メス）がいます。（体長4〜6mm）

クロオオアリ

日本最大級のアリで、日当たりのよいかわいた土の地面に巣をつくります。5月ごろ、新しい女王アリとオスのアリが巣からいっせいに飛び立ち交尾をします（結婚飛行）。働きアリにははねがありません。（体長7〜17mm）

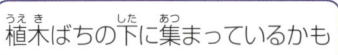
植木ばちの下に集まっているかも

山地の林の中にいるよ

アミメアリ

小さなアリで、頭と胸の表面があみ目のようになっています。石や植木ばちの下などに集まるものの、決まった場所に巣をつくらず、転々と移動します。女王アリはおらず、働きアリが卵を産み育てます。（体長3〜3.5mm）

ムネアカオオアリ

名前のとおり胸が赤っぽい色をしています。クロオオアリとともに日本最大級のアリです。女王アリは10年以上生きるといわれており、毎年初夏になると朽ち木に巣をつくって卵を産み育てます。（体長7〜12mm）

キーワード➡女王アリ、働きアリ、オスアリ、結婚飛行

アリを利用する植物

植物の中には、生き残り戦略にアリをうまく利用している種類も意外に多いものです。おもな利用方法として、体を守ってもらう、タネをつくるために必要な受粉の手助けをしてもらう、タネを遠くに運んでもらうという3つがあげられます。

守ってもらう

アリがほかの虫を追いはらう力はとても強力です。そこで花以外の場所に蜜を出す部分（花外蜜腺）を用意して、アリを呼ぶ植物があります。蜜をあげる代わりにパトロールして体を守ってもらうのです。しかしアブラムシにはほとんど効果がありません。アブラムシは体からアリの好物であるあまい汁（甘露）を出すため、アリと仲がよいからです。

カラスノエンドウ

花外蜜腺に来たアリ

カラスノエンドウも虫から身を守るためにアリを呼ぶ。しかしアブラムシはアリと仲がよいため効果はない。

受粉してもらう

タカトウダイの花に来たクロヤマアリ

アリは蜜をすうために、花にもよくやって来ます。そのため、チョウやハチと同じように、花の受粉の手助けをする役目をはたしています。

タネを運んでもらう

ホトケノザ

エライオソーム

ホトケノザのタネは、先に白いエライオソームがついている。

タネにアリが好きなエライオソームという食べものを用意し、アリにタネを運ばせる植物もあります。アリはタネを見つけると巣に運びますが、食べるのはエライオソームだけでタネ本体には手を出しません。

ハエの仲間
ハエ目

ハエ目に分類される昆虫は、わかっているだけでも世界に12万種、日本に約5000種以上がいるといわれています。後ろばねは退化して「平均棍」というものに変化しており、前ばね2枚で空を飛びます。カやアブ、ガガンボなどもこのグループです。

動物のフンや死がいなどに集まるよ

家周り　水辺　野原　森林

キンバエの仲間

金属のようにかがやく体をもったハエの仲間で、よく似た種類がたくさんいます。フンや死がいなどに集まるため衛生害虫とされます。成虫は1年じゅう活動し、花にも来るため、冬の花の受粉を助ける役割もあります。
（体長5〜12mm）

花の蜜をすいにやって来るよ

家周り　水辺　野原

ツマグロキンバエ

キンバエと同じクロバエ科に分類されるものの、体は細長く、ふんいきはずいぶんことなります。はねの先が黒く、また眼はしま模様に見えます。成虫は花に集まります。幼虫は動物の死がいなどを食べます。（体長5〜7mm）

肥料をまいたばかりの畑に多いよ

家周り　野原

ヒメフンバエ

頭や腹、あしなどが金色の毛でおおわれ、もふもふしたすがたをしています。幼虫は動物のフンやくさったものを食べて育つため、堆肥をまくとよく集まって来ます。成虫は小さな虫を捕まえて食べます。（体長10mm）

キーワード➡平均棍

ハエ目

くさったものやフンが好き

家周り　水辺　野原　森林

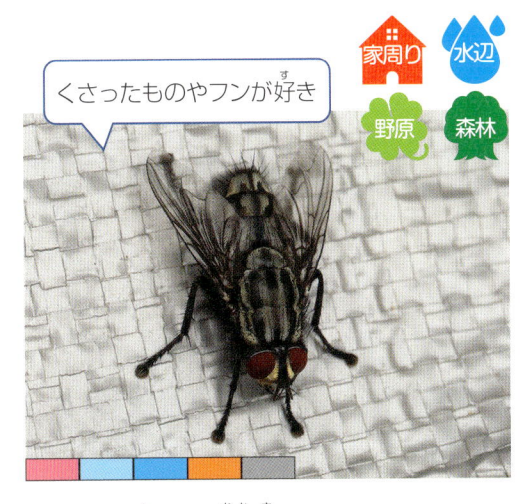

家の中に入って来ることも

家周り　水辺　野原

ニクバエの仲間

フンやくさったものに集まり、さらに家の中にも入って来ます。幼虫はいわゆる「ウジ虫」です。メスは体内で卵をかえして幼虫を産みつけます。成虫の胸背部の黒い筋はふつう3本です。
（体長9〜15mm）

イエバエの仲間

イエバエやニクバエの仲間は、家の周りにも多く、いわゆる「ハエ」の代表種です。この仲間はフンや死がい、くさったものに集まるため、衛生害虫とされています。幼虫はいわゆる「ウジ虫」です。
（体長6〜10mm）

果物や酒、調味料のにおいが好き

家周り　水辺　野原　森林

トイレや洗面所のかべにいることも

家周り　水辺

ショウジョウバエの仲間

いわゆるコバエと呼ばれるもののひとつで、果物や調味料などの発酵物が好きなため、生ごみに集まります。この仲間のキイロショウジョウバエは、遺伝子の研究でモデル生物としてもつかわれています。（体長2〜3mm）

オオチョウバエ

全身が毛でおおわれ、とまっているすがたはハートをさかさにしたようです。メス1匹で200個以上の卵を産みます。幼虫はよごれた水の中で育つため、台所やトイレ、洗面所などの水回りで見かけます。（体長4〜5mm）

キーワード➡ウジ虫、コバエ、モデル生物

春の里山でよく見かけるよ

野原　森林

ヤブカラシの花にもよく来るよ

水辺　野原

ビロウドツリアブ

春限定のツリアブで、体は茶色い毛におおわれ、もふもふとしています。ホバリングしながら、長い口吻をつかって花の蜜をすいます。幼虫はヒメハナバチの仲間の巣に寄生して育ちます。
（体長8〜12mm）

クロバネツリアブ

日本最大のツリアブで、日当たりのよい草むらで見られます。体やはねは黒色で、胸に茶色い毛があり、腹にある白い帯がよく目立ちます。幼虫の生態はあまりよくわかっていません。
（体長13〜19mm）

成虫は身近な場所にたくさんいるよ

家周り　水辺　野原

春の川辺で見られるよ

水辺

アメリカミズアブ

北アメリカ原産で、日本には第二次世界大戦後にやって来ました。幼虫は生ごみや糞尿、よごれた水の中などで育ちます。近年は幼虫を家畜の飼料などに活用しようとするこころみがあります。
（体長15〜18mm）

クロシギアブ

成虫は河川敷など川辺に多く、春のいっときだけ見られます。体やはねは黒色で、木の幹や橋げたのコンクリートなどにとまって休みます。シギアブの仲間もよく似た種類がたくさんいます。
（体長8〜11mm）

キーワード➡ホバリング

ハナアブの仲間

ハナアブ科は日本に450種類以上いるといわれており、身近な場所でもさまざまな種類を見かけます。見た目がハチに似ている種類も多いですが、いずれも毒針はなく、血をすうこともありません。成虫は花の蜜をすい、受粉の協力者としても重要な存在です。

ナミハナアブ
ずんぐりとしたすがたで、腹はオレンジと黒のしま模様です。（体長14〜15mm）

アシブトハナアブ
後ろあしのつけ根が太くなっているのが特徴です。（体長12〜14mm）

キゴシハナアブ
眼が黄色と茶色のまだら模様になっています。（体長9〜13mm）

オオハナアブ
体はずんぐり丸っこく、オレンジ色の太い横帯が目立ちます。（体長12〜16mm）

ホソヒラタアブ
細長い体のハナアブ。幼虫は葉の上でアブラムシを食べます。（体長11mm）

クロヒラタアブの仲間
ホソヒラタアブに似ていますが腹は黒っぽい色です。（体長8〜13mm）

人の血をすうアブ

ハエ目アブ科に分類される昆虫の中には、成虫が人の血をすう種類もいます。多くは夏〜秋にあらわれ、吸血されるとはげしい痛みにおそわれ、しばらくするとかゆみとともに赤くはれます。ウシアブなど、一部の種類は幼虫もかみつきます。

アカウシアブ

ヤマトアブの仲間

日当たりのよい草むらに多いよ

水辺　野原　森林

シオヤアブ

大きな羽音ですばやく飛び、さまざまな昆虫を捕まえて体液をすいます。オスは腹の先に白い毛があります。この仲間は人には無害で、さしたり血をすったりすることはありません。
（体長23〜30mm）

シオヤアブとともに草むらにいるよ

水辺　野原　森林

アオメアブ

眼があざやかな緑色で、光の当たり具合によって緑〜オレンジ色にかがやきます。草むらに多く、ほかの昆虫を捕まえて体液をすいます。幼虫は地中でくらし、コガネムシの幼虫などを捕まえます。
（体長20〜29mm）

林の周りでよく見かけるよ

森林

マガリケムシヒキ

シオヤアブに似ていますが、体は細く、黒っぽい色をしています。あしのすねの部分はオレンジ色です。小さな昆虫を捕まえ、その体液をすいます。幼虫は土の中でくらし、成虫同様に肉食です。
（体長15〜20mm）

林のふちでときどき見かけるよ

森林

チャイロオオイシアブ

全身毛むくじゃらで、胸や腹の大半がオレンジ色の毛におおわれます。仲間のオオイシアブは全体的に黒っぽく、腹の先だけオレンジ色です。昆虫を捕まえ、その体液をすいます。（体長23〜28mm）

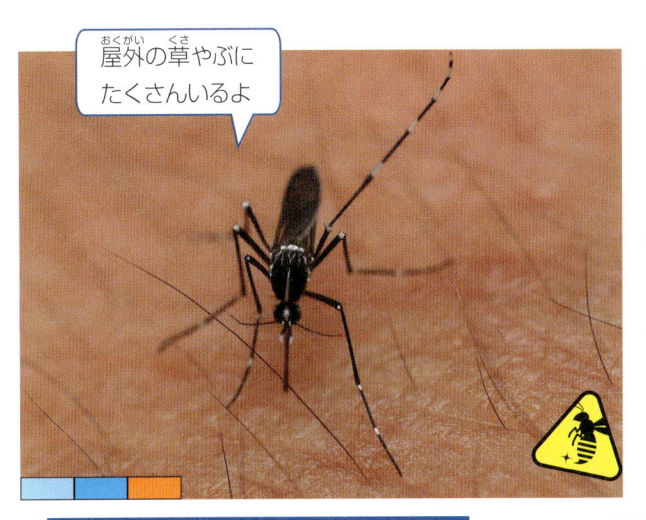

屋外の草やぶに
たくさんいるよ

 家周り　 水辺　 野原　森林

ヒトスジシマカ

いわゆるヤブカの代表で、草やぶに多くいて、朝～夕方を中心に人の血をすいます。体は黒と白のしま模様です。年々分布が北に広がっており、現在は東北地方でも見られます。（体長4.5mm）

ハエ目

ぼうふらはカの幼虫

カの仲間は、卵、幼虫、さなぎ、成虫の順に成長する完全変態です。メスは水面に卵を産み、幼虫とさなぎは水の中ですごします。カの幼虫は「ぼうふら」、さなぎは「おにぼうふら」と呼ばれ、呼吸管を水の上に出して呼吸をします。

家の中によく入って来るよ

家周り

アカイエカ

家の中にもよく入ってきて、メスは夕方から夜にかけて人の血をすいます。成虫の体は赤茶色です。幼虫はバケツなどにたまった水の中で育ちます。成長が早く、卵からわずか10日ほどで成虫になります。（体長5.5mm）

成虫は水辺の
草むらに多いよ

家周り　水辺　野原

セスジユスリカ

ユスリカの仲間は日本だけで1200種以上が知られています。カに似ていますが、人の血はすいません。セスジユスリカは平地に多く、幼虫はよごれた川や池の底にいて「アカムシ」と呼ばれます。（体長4～6mm）

キーワード➡呼吸管、アカムシ

田畑の周りに多いよ

水辺　野原　森林

葉の上によく
とまっているよ

水辺　野原　森林

キリウジガガンボ

成虫は、春〜初夏と秋の年2回発生します。体は茶色で、はねのふちにも茶色い部分があります。幼虫は水辺の土の中に多く、イネの若い苗の根を食べることから、農業害虫としてあつかわれることがあります。（体長14〜18mm）

ホソガガンボの仲間

体は黄色で、胸に黒い3本の縦じま模様があります。幼虫は土の中でくらしていて、植物の根などを食べています。この仲間はよく似た種類が多く、その見分けはとてもむずかしいです。（体長12〜14mm）

春に見られるケバエの乱舞

メスアカケバエやハグロケバエなど、ケバエ科の昆虫は、春にいっせいに羽化して飛び交います。大量に発生することと、その見た目からきらわれがちですが、人に害はありません。幼虫は土の中にいて、腐葉土や動物のフンを食べます。

メスアカケバエ（メス）

乱舞するケバエの仲間。せいぜい1〜2週間ていどですがたを消す。

昆虫に寄生する昆虫

昆虫の中には、幼虫がほかの昆虫に寄生して育つものもいます。体に直接入りこんで、内部を食べながら成長していくものや、巣に入りこんでそこにいる幼虫とその食べものを食べながら成長していくもの、体の外側にとりついて、体液をすいながら育っていくものなど、さまざまなタイプがあります。寄生の関係では、寄生される側によいことはなく、寄生する側に一方的にやられるだけです。

さなぎになるために、イモムシの中から出て来たコマユバチの仲間。

ヒゲナガハナバチなどの巣に寄生

マルクビツチハンミョウ

コウチュウの仲間ですが、体はやわらかく、刺激するとあしから毒液を出します。幼虫はハナバチの仲間の巣に寄生します。（体長7〜27mm）

ヒグラシなどの成虫に寄生

セミヤドリガ

木の幹に産みつけられた卵からかえった幼虫は、セミ（おもにヒグラシ）の成虫の体にとりつき、体液をすって大きくなります。（開張20mm）

トックリバチなどの巣に寄生

オオセイボウ

青緑色〜るり色にかがやく美しいハチです。幼虫はトックリバチなどの巣に寄生し、中の幼虫やエサを食べて育ちます。（体長7〜20mm）

キバチの仲間の幼虫に寄生

エゾオナガバチ

木の幹に産卵管をつきさし、中にいるキバチ（ハチの仲間）の幼虫の体に卵を産みます。よく似た種類が何種類かいます。（体長50mm）

チョウやガの幼虫に寄生

ブランコヤドリバエ

胸にある4本の縦線と、腹にまばらに生えるかたい毛が特徴のハエです。チョウやガの幼虫に産卵し、幼虫はその中で育ちます。（体長13〜15mm）

チョウやガの幼虫に寄生

ヨコジマオオハリバエ

メスは卵を体内でかえし、幼虫を産みます。幼虫は近くを通りかかったチョウやガの幼虫の体内に入ります。（体長13〜15mm）

虫こぶをつくる昆虫

昆虫やダニなどが植物に寄生した結果、さまざまな形のこぶやふくらみができることがあり、これを虫こぶといいます。虫こぶはいわば「ゆりかご」のようなもの。卵からかえった幼虫は、虫こぶによって外敵から守られ、中を食べながら育ちます。虫こぶにもたくさんの種類があり、その見た目はさまざまです。虫こぶそのものを指す名前もあります。

虫こぶの名前
ムシクサツボミタマフシ

虫こぶができる植物 **ムシクサ**　　虫こぶの主 **ムシクサコバンゾウムシ**など

ムシクサは水辺に生える草で、ゾウムシの仲間が虫こぶをつくることからその名がつけられました。

虫こぶの主
エゴノネコアシアブラムシ

虫こぶの名前
エゴノネコアシ

エゴノキにできる虫こぶです。この主であるアブラムシは、夏になると外に出てアシボソという草に移動します。

虫こぶの主
バラハタマバチ

虫こぶの名前
バラハタマフシ

バラの葉のうら側にできる丸い虫こぶで、時間がたつとあざやかな赤色になります。主はタマバチの仲間です。

虫こぶの主
クリタマバチ

虫こぶの名前
クリメコブズイフシ

クリの新芽が赤くなってふくらみます。主は中国から来たクリタマバチで、クリの木を枯らすこともあります。

虫こぶの主
ナラメリンゴタマバチ

虫こぶの名前
ナラメリンゴフシ

コナラなどの枝先にできる虫こぶで、まるで小さなリンゴのようなすがたをしています。主はタマバチの仲間です。

虫こぶの主
ウリウロコタマバエ

虫こぶの名前
カラスウリクキフクレフシ

カラスウリの茎がふくらんで、ねじれたようになります。主はウリウロコタマバエというハエの一種です。

虫こぶの主
ヨモギワタタマバエ

虫こぶの名前
ヨモギクキワタフシ

ヨモギの茎にできるふわふわした綿のような虫こぶです。ヨモギはこのほかにもさまざまな種類の虫こぶができます。

アミメカゲロウの仲間

アミメカゲロウ目

アミメカゲロウ目は日本に150種ほどが知られています。体は細長く、うすくてやわらかい4枚のはねをもち、トンボに似たようなすがたをしています。完全変態の昆虫です。ウスバカゲロウやクサカゲロウ、ツノトンボなどがこのグループに分類されます。

アミメカゲロウ目

草むらでよく見かけるよ

家周り　水辺　野原

ヨツボシクサカゲロウ

幼虫、成虫ともにアブラムシを食べます。成虫はひらひらと飛び、夜は明かりにもよくやって来ます。日本にはクサカゲロウの仲間が約40種類いて、どれもとてもよく似ていて、見分けるのは大変です。（開張30〜45mm）

クサカゲロウの仲間の卵は優曇華の花と呼ばれる。

昼間でもうす暗い場所に多いよ
家周り　森林

ウスバカゲロウ

成虫は夜行性で、うすくて大きなはねをもち、うす暗い場所をひらひらとたよりない感じで飛びます。明かりにもよく飛んで来ます。幼虫は土の中ですごします。この仲間はよく似た種類が何種類もいます。（開張75〜90mm）

ありじごく

ウスバカゲロウの幼虫は、軒下などの雨が当たらないような土の地面にすりばち状の穴をつくります。穴の底にひそんでいて、足をとられて落ちてきたアリを捕まえて食べます。そのため「ありじごく」とも呼ばれています。

キーワード➡優曇華、ありじごく

トンボの仲間

トンボ目

トンボの仲間は日本に約200種、世界には約5000種が知られています。4枚の細長いはね、細長い腹、そして大きな複眼が特徴です。はねはうすく、翅脈というあみ目のような筋が細かく入っています。卵、幼虫、成虫の順で成長し、さなぎの時期がない不完全変態の昆虫です。

庭先にも飛んで来るよ

家周り 水辺 野原

シオカラトンボ

成虫は春から飛びはじめます。夏になると数が増え、水辺からはなれた場所でもよく見かけるようになります。成熟したオスは、腹が青白いこなにおおわれ、これが塩をふいたように見えることから名前がつけられました。
（体長48〜56mm）

木に囲まれたうす暗い場所に多いよ

水辺 森林

オオシオカラトンボ

シオカラトンボに似ていますが、はねのつけ根は黒く、また腹の青もこいめです。
シオカラトンボ、オオシオカラトンボとも、メスが卵を産んでいる間、オスは近くを飛びながら見張り、メスを守ります。
（体長46〜58mm）

むぎわらとんぼの正体

腹が麦わら色をしたトンボは「むぎわらとんぼ」とも呼ばれています。その正体はシオカラトンボのメスです。また、若いオスも、メスと同じように、腹が麦わら色で、成熟するにつれ、青白いこなをふくようになります。

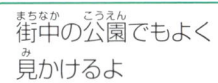春の里山で見かけるよ

シオヤトンボ

春のトンボの代表で、梅雨入りのころにはほとんど見かけなくなります。シオカラトンボに似ていますが、やや小型でずんぐりしており、オスの腹の先に黒い部分はありません。（体長38〜47mm）

水草の多い池の周りで見かけるよ

コフキトンボ

ヨシやガマなどの水草が多い池や沼でふつうに見られます。成熟すると、胸から腹にかけて青白いこなをふきます。シオカラトンボにふんいきが似ますが、それより小型で、眼の色もちがいます。
（体長38〜46mm）

街中の公園でもよく見かけるよ

コシアキトンボ

人工的な池にも多いため、都市部でもよく見かけます。体は黒色で、腹の一部と顔は白色です。電気トンボ、ロウソクトンボなどの愛称で呼ばれることもあります。標高の高い場所にはいません。
（体長38〜46mm）

トンボ目

コフキトンボのオビ型

コフキトンボのメスの中には、はねに茶色い帯模様の入る個体がいて、これはオビ型（オビトンボ）と呼ばれています。オビ型は北日本に多く、西日本ではめったに見られません。関東〜東北では、ときどきオビ型があらわれます。

水草の多い池や沼の周りにいるよ

チョウトンボ

まるでチョウのようにひらひらと舞うトンボで、真夏に特に多く見られます。はねの大部分が青黒い色をしており、オスは光の当たり具合で虹色にかがやきます。北海道と沖縄には生息しません。
（体長31〜41mm）

池や沼の周りでよく見るよ

ショウジョウトンボ

オスは成熟すると全身真っ赤になります。ただ分類上の「赤とんぼ」とは別なグループの種類です。一方のメスや未熟なオスは黄金色です。都市部の公園にあるような池の周りでもよく見かけます。
（体長37〜51mm）

群れて飛ぶことが多いよ

ウスバキトンボ

寒さに弱いため、日本で越冬できるのは南西諸島だけといわれています。ただ飛ぶ力がとても強く、南西諸島で発生した個体が毎年日本各地に飛来します。とまる時は、ぶら下がるようにとまります。
（体長43〜49mm）

家周り　水辺　野原　森林

家の周りにも多い身近なトンボ

ノシメトンボ

成熟してもあまり赤くならないですが、分類上は「赤とんぼ」のひとつです。はねの先が黒くなります。名前のノシメ（熨斗目）は江戸時代の武士が着た礼服のことで、腹の模様をそれに見立てたものです。（体長42〜50mm）

キーワード➡熨斗目

赤とんぼとは？

「赤とんぼ」は特定の種類を指すのではなく、トンボ科アカネ属のグループに分類される種類をまとめた呼び名です。このグループは、成熟すると腹が赤くなる種類が多いからです。

家周り　水辺　野原

夏の間は山のすずしいところにいるよ

アキアカネ

「赤とんぼ」の代表種で、成熟すると腹が赤くなります。成虫は初夏に平地の田んぼで羽化した後、暑さをさけるために山に移動します。夏の間は山ですごし、秋になると再び平地にもどって来ます。（体長33〜45mm）

ナツアカネ

オスは顔まで真っ赤になります。アキアカネとはちがい山には移動せず、夏の間も平地ですごします。（体長32〜40mm）

マイコアカネ

オスは成熟すると顔が美しい水色になります。近年、地域によっては数をへらしつつあります。（体長29〜39mm）

マユタテアカネ

山地に多い「赤とんぼ」で、顔にある黒いふたつの点が目立ちます。はねの先が黒っぽくなる個体もいます。（体長30〜41mm）

ミヤマアカネ

流れのある川の周りで見かける「赤とんぼ」です。山地に多く、はねに黒い帯模様があります。（体長34〜39mm）

大きな池の周りにいるよ

ウチワヤンマ

名前にヤンマとつくものの、分類上はヤンマ科ではなくサナエトンボ科です。腹の先のほうに、黄色と黒の「うちわ」があるのが特徴です。幼虫は池のとても深いところでくらしています。
（体長68 〜 84mm）

タイワンウチワヤンマ

ウチワヤンマに似ていますが、腹の先の「うちわ」は小さく、全部黒色です。国内ではもともと四国や九州、南西諸島に生息していた、いわゆる南方系のトンボですが、近年分布が東へ北へと広がっており、今は関東南部でも見られるようになっています。

山に近い地域の小川にいるよ

ヤマサナエ

自然ゆたかな場所にくらすサナエトンボの仲間の中では、身近な種類のひとつですが、近年は地域によって数をへらしつつあります。サナエトンボの仲間は見た目がよく似た種類がたくさんいます。
（体長60 〜 73mm）

林の近くを流れる小川にいるよ

オニヤンマ

日本で一番大きなトンボです。林の近くを流れるちょっとした小川のような場所を行ったり来たりしているすがたをよく見かけます。あごの力がとても強いため、捕まえる時はかまれないようにしましょう。（体長81 〜 107mm）

キーワード➡ヤンマ科、サナエトンボ科

学校のプールに飛んで来ることも

ギンヤンマ

水面がよく見える、開けた池や水路に多く、水の上を休むことなく飛び回っています。メスの腹のつけ根のうら側には銀色の部分があり、ギンヤンマの名前はここからきています。（体長62〜74mm）

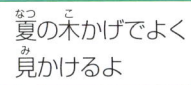

夏の木かげでよく見かけるよ

ハグロトンボ

水草の生いしげった水路の周りをひらひらと舞う、はねの黒いトンボです。羽化してからしばらくは近くの木かげですごし、成熟すると水辺にもどって産卵します。オスの腹は緑色にかがやきます。（体長59〜66mm）

山の近くのきれいな小川にいるよ

カワトンボの仲間

この仲間を代表するのはニホンカワトンボとアサヒナカワトンボの２種で、どちらもとても似ていて見分けはむずかしいです。５〜６月ごろの渓流に多く、オスは個体によってはねがオレンジ色になります。（体長43〜64mm）

早春の雑木林周辺でよく見るよ

ホソミオツネントンボ

オツネンは漢字で「越年」。その名のとおり、成虫のまま冬越しするトンボです。冬は木の枝先にじっととまり、枝に擬態してすごします。春になると体が水色に変化し、産卵期をむかえます。（体長36〜40mm）

トンボ目

水辺 野原

水田や湿地にたくさんいるよ

アジアイトトンボの若いメスは、体があざやかなオレンジ色。

アジアイトトンボ

もっとも身近なイトトンボのひとつで、成虫は早ければ3月中にすがたをあらわしはじめます。オスの腹の先（第9節）には水色の模様があります。メスは最初オレンジ色で成熟すると緑色に変わります。（体長23〜32mm）

水辺 野原

身近な水辺でよく見られるよ

アオモンイトトンボ

アジアイトトンボに似ていますがひと回り大きく、オスの腹の先にある水色の部分は第8節にあります。東北南部よりも南の地域に生息し、しめった野原など身近な水辺でよく見かけます。
（体長29〜36mm）

ヤゴは トンボの 幼虫

トンボの幼虫はヤゴと呼ばれ、水の中で、昆虫や魚などを捕まえながらくらしています。脱皮をくり返しながら成長していきますが、その回数は種類によってちがいます。成虫になる時は水草や枝などをつたって水上に出てから羽化します。さなぎにはなりません。

シオカラトンボ

ギンヤンマ

カメムシの仲間

カメムシ目

カメムシの仲間は、世界に9万種、日本に3000種いるといわれています。セミやアメンボ、アブラムシなども広い意味でカメムシの仲間（カメムシ目）です。その多くは植物の汁、昆虫などの体液をすってくらすため、ストロー状になった口（口吻）をもっています。

ヒノキやサクラ、クワなどに多いよ

家周り　水辺　野原　森林

チャバネアオカメムシ

さまざまな木の実の汁をすうカメムシです。大量発生した年は、モモやナシ、カキなどの果樹の汁をすい、いためてしまうことがあります。
（体長10〜12mm）

アオクサカメムシの仲間3種類

全身緑色のカメムシのうち、よく見かけるのがアオクサカメムシ、ミナミアオカメムシ、ツヤアオカメムシの3種類です。ツヤアオカメムシは体に強い光沢があります。アオクサカメムシとミナミアオカメムシはよく似ていますが、触角の色などがちがいます。ミナミアオカメムシとツヤアオカメムシは南方系の種類ですが、年々分布が北や東に広がってきています。

アオクサカメムシ

ツヤアオカメムシ

ミナミアオカメムシ

カメムシ目

家の周りでもよく見かけるよ

家周り　水辺　野原　森林

クサギカメムシ

クサギ以外にも、さまざまな植物の汁をすいます。日本や中国などの東アジアに生息しますが、近年は世界じゅうに広がりつつあります。秋になると、冬越しのために家の中に入って来ることがあります。(体長13〜18mm)

幼虫

森林

林の周りで見かけるよ

アカスジキンカメムシ

ミズキなど、さまざまな樹木の葉や果実の汁をすう、とても美しいカメムシです。幼虫の見た目は成虫とはまったくことなり、まるで口をあけて笑っている人の顔のようにも見えます。(体長16〜20mm)

幼虫

家周り　水辺　野原

マメ科とイネ科の植物が好き！

ホソヘリカメムシ

成虫・幼虫ともにマメ科植物の汁をすうため、ダイズなどの農作物に害をあたえる虫として知られています。幼虫はアリに擬態して、ほかの虫から身を守っています。(体長14〜17mm)

サクラなどの木の幹にいるよ

家周り　森林

ヨコヅナサシガメ

中国大陸から来た外来種です。サクラやエノキなどの木の幹にいて、毛虫などを捕まえてその体液をすいます。うっかりつかむと口吻でさされることがあります。脱皮直後の個体は真っ赤で目立ちます。(体長16〜24mm)

いろいろなカメムシ

カメムシ目のグループは、さらにカメムシ亜目、ヨコバイ亜目、アブラムシ亜目の３つのグループに分けられます。ふつうただカメムシといった時はカメムシ亜目に分類されるものを指します。カメムシ亜目は日本に1300種以上いて、種類によってつく植物がちがいます。

ウズラカメムシ

ススキやエノコログサなどイネ科植物の汁をすいます。（体長8〜10mm）

ブチヒゲカメムシ

マメ科などさまざまな種類の植物の汁をすいます。（体長10〜14mm）

ムラサキシラホシカメムシ

タンポポやハルジオンなど、キク科植物を好みます。（体長4〜6mm）

ナガメ

アブラナ科野菜によくつくため農業害虫としても知られています。（体長6〜10mm）

アカスジカメムシ

ニンジンやヤブジラミなど、セリ科植物を好みます。（体長9〜12mm）

エサキモンキツノカメムシ

胸にハート模様があるカメムシで、ミズキなどの葉につきます。（体長11〜13mm）

ホオズキカメムシ

ピーマンなどのナス科野菜に群がるため農業害虫とされます。（体長10〜14mm）

キバラヘリカメムシ

ニシキギなどにつき、青リンゴのようなにおいを出します。（体長11〜17mm）

マルカメムシ

クズやフジなどのマメ科植物に多く、しばしば群がります。（体長5mm）

街中でも、街路樹や公園の木の幹によくとまっているよ

口吻（ストローのようになった口）を幹にさして、木の汁をすう。

口吻

アブラゼミ

北海道から九州まで、街中から山の中まで、どこにでも生息している茶色いはねのセミです。オスはジリジリジリジリ…と鳴きます。沖縄・奄美地方にはよく似た別種のリュウキュウアブラゼミがいます。
（体長55〜60mm）

ケヤキやサクラの木によくとまるよ

西日本に多いセミだよ！

ニイニイゼミ

北海道から沖縄本島まで生息する小型のセミです。早ければ6月中には羽化をはじめ、シーーチーーという感じのかん高い声で鳴きます。ぬけがらは小さく丸みを帯びていて、どろをかぶっています。
（体長32〜39mm）

クマゼミ

日本最大級のセミで、西日本ではとても身近な種類です。ただ近年は東京などでも鳴き声を聞く機会が増えてきています。朝を中心にシャーシャーシャーシャーと大きな声で鳴きます。
（体長63〜70mm）

キーワード➡セミの鳴き声、セミのぬけがら

西日本では山に行くと見られるよ

家周り　森林

ミンミンゼミ

東日本は街のど真ん中でもふつうに見られますが、西日本では山間部にかぎられます。ミンミンミンミーという鳴き声を何度もくり返して鳴きます。ヒグラシに似ていますが、胸の模様がことなります。（体長55～63mm）

夏の終わりが近づくと数が増えるよ

家周り　森林

ツクツクボウシ

北海道からトカラ列島までの広い範囲に生息し、成虫は夏の後半から秋にかけてあらわれます。鳴き声はとても特徴的で、最初は「ツクツクボーシ」をくり返しますが、とちゅうから鳴きかたが変化します。（体長41～47mm）

うす暗い林の中に多いよ

森林

ヒグラシ

うす暗い林の中に多く、街中にはあまりいません。早朝と夕方を中心に、カナカナカナカナ……と物悲しい声で鳴きます。成虫の腹にセミヤドリガ（→p79）というガが寄生することがあります。（体長41～50mm）

カメムシ目

セミの羽化とぬけがら

セミの幼虫は土の中で何年もすごした後、地上に出てきて羽化し、成虫になります。羽化は夜に行われることが多く、その後に残った幼虫時代の体の皮がセミのぬけがらです。

羽化したばかりのアブラゼミ。

ニイニイゼミのぬけがら。小さくてどろがついている。

ヤナギの周りで特によく見るよ

水辺 野原 森林

シロオビアワフキ

アワフキムシの仲間で一番よく見かける種類です。成虫、幼虫ともに、ヤナギなどの植物の汁をすっています。幼虫は5〜6月ごろにあらわれ、白い泡に包まれながら成長します。（体長11〜12mm）

アワフキムシは泡をふく

アワフキムシの仲間の幼虫は、腹から液を出し、そこに空気を送って泡立てて、白い泡をつくります。この白い泡で自分の体を完全におおい、その中で植物の汁をすいながら成長していきます。泡に包まれるのは幼虫時代だけで、成虫は泡から出て活動します。

イネ科が生える草原に多いよ

水辺 野原

オオヨコバイ

ヨコバイの仲間はとても種類が多く、日本に500種ほど知られています。その中でもっともふつうに見られる種類のひとつです。日当たりのよい草原に多く、夜は明かりにも飛んで来ます。（体長8〜10mm）

林の近くの草むらにいるよ

野原 森林

ツマグロオオヨコバイ

すがたがバナナに似ていることから、「バナナ虫」とも呼ばれます。身の危険を感じると、さっと横に移動して葉のかげにかくれます。植物の汁をすいながらくらしており、夜は明かりに飛んで来ることもあります。（体長13mm）

木の枝に集団でとまるよ

森林

幼虫

アオバハゴロモ

幼虫・成虫とも、木の枝にじっととまり、その汁をすっています。成虫のはねはうすい緑色で、縁がほんのり紅色にそまります。幼虫は白い綿のようなものを出し、それに包まれながら成長します。
（体長9〜11mm）

日当たりのよい草むらに多いよ

野原　森林

ベッコウハゴロモ

成虫のはねは茶色く、2本のややすきとおったラインが入ります。草むらに多く、さまざまな植物の汁をすいます。幼虫は腹の先から白い糸のようなロウを出し続け、ふさふさとしたすがたになります。
（体長9〜11mm）

林の周りの草むらに多いよ

野原　森林

スケバハゴロモ

すきとおったはねをもつハゴロモの仲間で、雑木林の周りで特に多く見られます。さまざまな植物の汁をすい、クワやブドウなどにもつくことから農業害虫とされることもあります。
（体長9〜10mm）

シラカシなどの葉の上でよく見るよ

森林

アミガサハゴロモ

雑木林周辺に多く、シラカシなどのカシの木を好みます。はねは抹茶色や黒っぽい灰色で、ふちに白い点があります。近年、よく似たチュウゴクアミガサハゴロモという外来種が増えつつあります。
（体長10〜13mm）

カメムシ目

ススキなどの葉の上にいるよ 野原

アカハネナガウンカ

夏のススキ草原でよく見かけます。体はあざやかなオレンジ色で、とうめいな長いはねをもちます。正面から見ると、とても個性的な顔をしています。サトウキビやトウモロコシの害虫となることがあります。（体長4mm）

カラスノエンドウによくつくよ

ソラマメヒゲナガアブラムシ

アブラムシの仲間は日本に700種類いて、種類によってつく植物がちがいます。ソラマメヒゲナガアブラムシは春の野原でカラスノエンドウの茎にびっしりと群がっているすがたをよく見かけます。（体長2.5mm）

庭や公園の木にもよくつくよ 家周り 森林

ルビーロウムシ

あずき色で丸いかさぶたのようなすがたをしたカイガラムシです。さまざまな樹木について汁をすいます。またベタベタした汁を出すため、そこに黒いカビが生えて「すす病」という植物の病気の原因になります。（体長3〜4mm）

雪虫の正体はアブラムシ

冬が近づくと、まるで雪のようにふわふわと舞うのが雪虫です。その正体は白い綿毛におおわれたアブラムシで、何種類かいます。代表的なのがトドノネオオワタムシやリンゴワタムシ、ケヤキフシアブラムシなどです。

雪虫が舞うと、本格的な冬はすぐそこ。

キーワード➡アブラムシ、カイガラムシ、すす病、雪虫

池や水路の水面でよく見かけるよ　水辺

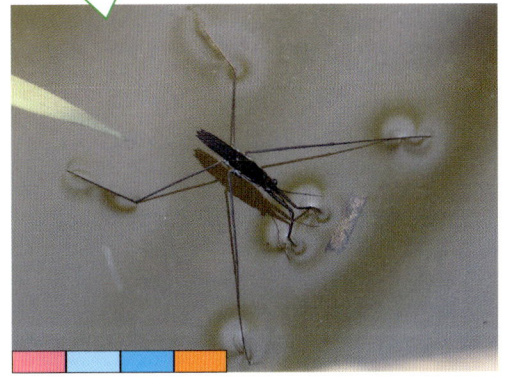

ナミアメンボ

アメンボの仲間の代表種です。水の表面張力をうまく利用して水面にうかび、すべるように移動します。水面に落ちた昆虫などの体液をすいます。刺激するとあめのようなあまいにおいを出します。（体長11〜17mm）

水草の多い沼の中でくらしているよ　水辺

ミズカマキリ

カマキリのような前あしをもつ水生昆虫です。この前あしをつかって小魚やオタマジャクシなどを捕まえ、汁をすいます。腹の先にある長い管は呼吸管で、これを水の外に出して呼吸しています。（体長40〜45mm）

田んぼや沼の水の中にいるよ　水辺

タイコウチ

流れのゆるやかな水の中にいて、オタマジャクシなどの生きものを捕まえ、体液をすいます。腹の先にある長い呼吸管を水の外に出して呼吸します。成虫のまま水田の周りのどろの中で冬越しします。（体長30〜38mm）

水たまりや池の中を泳いでいるよ　水辺

マツモムシ

水面の近くをさかさになって泳ぎ、落ちてきた虫などを捕まえて体液をすいます。よく似たものにコミズムシの仲間がいますが、マツモムシより体が細く、さかさにならないまま泳ぎます。（体長11〜14mm）

キーワード➡表面張力

カメムシ目

バッタ・コオロギの仲間

バッタ目

この仲間は日本に約450種が知られており、大きくバッタ亜目（バッタの仲間）と、コオロギ亜目（コオロギやキリギリスなどの仲間）のふたつのグループに分けられます。後ろあしが発達していて大きく飛びはねるものが多く、またはねをつかって鳴く種類もいます。

トノサマバッタの幼虫。バッタの仲間の幼虫ははねが短い。

幼虫

草むらでよく見かけるよ

水辺　野原

トノサマバッタ

ダイミョウバッタとも呼ばれます。イネ科植物が多く生えている草原でよく見かけるバッタです。人の気配に敏感で、飛ぶ力もとても強いため、近づいて観察するのは大変です。昔、日本で何度か大発生したことがありました。
（体長35〜55mm）

家周り　水辺　野原

家の周りの草むらにもいるよ

ショウリョウバッタ

イネ科植物の多い、明るい草地にたくさんいます。チキチキと音をたてて飛ぶことから、チキチキバッタと呼ばれます。メスは「日本最大のバッタ」で、体長8cm近くになります。（体長40〜80mm）

バッタの体の色

同じ種類のバッタでも、体が緑のもの（緑色型）と茶色のもの（褐色型）がいることがあります。その理由はよくわかっていませんが、周りの環境などが関係しているといわれます。ただし一度色が決まるとずっとその色で、カメレオンのようにコロコロと色が変わることはありません。

褐色型

緑色型

オンブバッタの褐色型と緑色型。

庭や畑にもよく来るよ

オンブバッタ

大きなメスの上に、小さなオスが乗っかり、まるでおんぶをしているように見えることからその名がつけられました。シソなどさまざまな植物の葉を食べるため、家庭菜園の害虫とされることもあります。（体長18 〜 35mm）

土の地面が広がる場所にいるよ

ノミバッタ

全身真っ黒の小さなバッタです。畑や河川敷など、土が見えている場所に多くいます。体の大きさのわりに飛ぶ力がとても強く、1 m以上はねることもめずらしくありません。成虫のまま冬越しします。（体長4 〜 6mm）

家の周りにもたくさんいるよ

ハラヒシバッタ

名前のとおり「ひし形」のバッタです。身近な場所に多く、早春〜晩秋まで長い間、すがたを見ることができます。体の模様には個体差があります。ヒシバッタの仲間はよく似た種類がたくさんいます。（体長7 〜 12mm）

水辺の周りの草むらにいるよ

トゲヒシバッタ

水辺に多いヒシバッタの仲間です。にげる時は水に飛びこんで泳ぐこともあります。名前のとおり、体の左右に1個ずつとげのようなでっぱりがあります。成虫で冬越しします。（体長16 〜 20mm）

バッタ目

バッタの仲間いろいろ

バッタの仲間（バッタ亜目）の昆虫は日本に約120種が知られています。夏〜秋にかけてはバッタの仲間を見かける機会が増え、身近な草むらをていねいに探すと何種類も見つかります。ぜひみなさんもバッタの仲間をいろいろ探してみてくださいね。

ハネナガイナゴ

イナゴの仲間で成虫のはねはふつう腹の先よりも長くなります。（体長15〜35mm）

コバネイナゴ

沖縄以外でふつうに見られるイナゴ。成虫もはねは短めです。（体長16〜45mm）

ツチイナゴ

目の下に涙のような黒い模様があります。成虫で冬越しします。（体長35〜65mm）

イボバッタ

茶色くゴツゴツとしたバッタで、草の少ない地面にいます。（体長18〜26mm）

ヒナバッタ

オスは後ろあしをはねにこすりつけ、シリシリシリ……と鳴きます。（体長15〜25mm）

クルマバッタモドキ

背中に白いX字の模様があります。緑色型もいます。（体長24〜45mm）

クルマバッタ

飛ぶと見える後ろばねに、車のタイヤのような黒い帯があります。（体長29〜55mm）

カワラバッタ

ごろごろと石が転がるような川原にいる灰色のバッタです。（体長25〜35mm）

フキバッタの仲間

山のバッタでたくさんの種類がいます。ふつうはねは短めです。（体長15〜49mm）

背の高い草原にいるよ

水辺　野原

ヒガシキリギリス

背の高い草むらの中にいて、人の気配に敏感なため、すがたを見るのがむずかしい昆虫です。近畿以西の西日本にはニシキリギリス、北海道にはハネナガキリギリスがいます。ギュイーッ・チョンと鳴きます。（体長25〜35mm）

幼虫

水辺　野原　森林

身近な草やぶにたくさんいるよ

ヤブキリ

幼虫はタンポポなどの花の上でよく見かけます。成虫はふつうシリシリシリ…と鳴きますが、鳴きかたには多様性があり、それをもとに種類を細かく分ける考えかたもあります。（体長25〜42mm）

水辺の草むらに多いよ

水辺　野原

ヒメギス

しめった野原に多いキリギリスの仲間で、体は黒っぽい色をしています。成虫ははねの短いタイプと、はねが長いタイプがいます。シリリリ……と鳴きます。雑食で植物の葉や昆虫などを食べます。（体長17〜27mm）

幼虫

ササのしげった場所に多いよ

森林

ササキリ

幼虫と成虫とで見た目が大きくことなります。幼虫の体は黒色で、若いうちは頭が赤色です。成虫の体は緑色で、頭から腹先まで続く黒い帯があります。おもに昼間活動しジリジリジリ……と鳴きます。（体長12〜17mm）

バッタ目

102

身近な草むらに
たくさんいるよ

家周り　水辺　野原

クビキリギス

成虫で冬越しするキリギリスで、赤い口が特徴的です。4～5月ごろのあたたかい夜にジーーと鳴きます。あごの力がとても強く、かまれるとかなり痛いので、気をつけましょう。(体長27～46mm)

秋の草原でよく見かけるよ

水辺　野原

ウスイロササキリ

日当たりのよい草原にたくさんいて、秋になると数が増えます。体が細長く、植物の葉を食べるため、バッタのようなふんいきですが、キリギリスの仲間です。昼間活動し、ツルルルル…と鳴きます。(体長13～18mm)

日当たりのよい草原にいるよ

水辺　野原

ツユムシ

日当たりのよい草むらにいて、幼虫・成虫ともに植物の葉などを食べています。家の周りでもよく見かけ、明かりに飛んで来ることもあります。この仲間はよく似た種類が何種類かいます。(体長13～15mm)

森林

樹木の葉の上にいるよ

サトクダマキモドキ

クダマキはクツワムシ（→p104）のことで、それに似ていることから名づけられました。オスはピン・ピン…と鳴きます。よく似た種類が何種類もいて、これらはメスの産卵器の形で見分けます。（体長23〜30mm）

家周り　森林

夜、木の幹によくとまっているよ

マダラカマドウマ

古い家のかまどや風呂場などにあらわれ、昔は「ベンジョコオロギ」とも呼ばれました。夜行性で昼は木のうろやほら穴などでじっとしています。雑食で小さな虫や果実などいろいろなものを食べます。（体長24〜33mm）

森林

林の中にいて夜に活動するよ

コロギス

体は緑色、はねは茶色です。おどろくとはねを広げて威嚇のポーズをとります。夜行性で、虫を捕まえるほか、樹液にも来ます。口から糸を出して、葉をつないで巣をつくり、昼間はその中でじっとしています。（体長30mm）

家周り　水辺　野原

土の中でくらしているよ

ケラ

田んぼや野原などの土の中にいて、シャベルのような前あしで、穴をほりながらくらしています。一方で飛ぶこともでき、夜は明かりにもやって来ます。オスはジー…と鳴きます。植物の根などを食べます。（体長30〜35mm）

バッタ目

キーワード➡産卵器、木のうろ

虫の音を聞いてみよう

夏〜秋は、夜になるとさまざまな虫の音が聞こえてきます。その多くは、バッタ目のうち、コオロギ亜目（キリギリスやコオロギの仲間）の鳴き声です。これらの多くは、はねをこすり合わせて音を出します。鳴き声は種類によってさまざまです。秋の夜長、聞こえてきた虫の音を調べてみると発見があるかもしれませんね。

はねをこすり合わせて鳴くスズムシ。

♪♪ スイーッチョン…

ハヤシノウマオイ

夜にスイーッチョンと鳴きます。よく似た種類にスイチョスイチョと早く鳴くハタケノウマオイがいます。（体長20〜25mm）

♪♪ ルルルルルル…

カンタン

林のふちや川原などに多く、クズの葉のうらでよく見かけます。この仲間は似た種類が何種類かいます。（体長16〜18mm）

♪♪ ガチャガチャ…

クツワムシ

林のふちなどにいて、こわれたモーターのようなガチャガチャという音で鳴きます。体が茶色の個体もいます。（体長40〜45mm）

♪♪ リーンリーン…

スズムシ

リーンリーンと鈴を鳴らしたような音で鳴きます。オスは大きなはねをもちますが、飛ぶことはできません。（体長16〜19mm）

♪♪ リーリーリー…

アオマツムシ

中国から来た外来種で、木の上でくらしています。街路樹に多くいるため、街中でも鳴き声をよく耳にします。（体長17〜22mm）

♪♪ チン・チン・チン…

カネタタキ

身近な場所に多く、よく家の中にも入って来ます。名前は鐘をたたくような音で鳴くことにちなみます。（体長7〜11mm）

♪♪ コロコロリー…

エンマコオロギ

コオロギの仲間の代表種です。家の周りにも多く、昼間は枯れ草の下などのうす暗いところにいます。（体長20〜35mm）

♪♪ リ・リ・リ・リ…

ツヅレサセコオロギ

昔の人はこの声を「肩させ、裾させ、つづれさせ」と聞きながら、着物をつくろって冬支度をしたといいます。（体長15〜20mm）

コオロギの仲間の顔

コオロギの仲間はどれもよく似ていて、上から見ただけで種類を判別するのは困難です。この仲間は、正面の顔が見分けるためのカギとなります。種類によって顔の表情はさまざま。コオロギを捕まえたら、ぜひ顔も観察してみてくださいね。

エンマコオロギ

ツヅレサセコオロギ

ハラオカメコオロギ

タンボコオロギ

カマキリの仲間

カマキリ目

カマキリ目の昆虫は日本に13種類います。この仲間は体が細長く、頭が三角形で大きな複眼をもっています。また前あしがかまのようになっていて、これで虫などを捕まえます。幼虫は脱皮をくり返しながら大きくなっていきますが、不完全変態で、さなぎにはなりません。

家の周りでも見かけるよ

🏠家周り 野原 森林

オオカマキリ

するどいかまのような前あしで、虫などを捕まえて食べます。おどろかすと前あしを広げて威嚇のポーズをとります。メスはあまり飛びませんが、オスはよく飛び回ります。体が茶色い個体もいます。
（体長68～95mm）

日当たりのよい草原に多いよ！

🏠家周り 💧水辺 野原

チョウセンカマキリ

単にカマキリとも呼ばれます。オオカマキリに似ていますが前あしのつけ根はオレンジ色（オオカマキリは黄色）。またはねを広げた時に見える後ろばねはほぼとうめい（オオカマキリはこい紫色）です。
（体長65～90mm）

カマキリの複眼

カマキリの複眼は、夜は黒くなります。そして昼は黒い点（偽瞳孔）があり、つねに目が合っているように見えます。これはちょうど自分の正面方向にある複眼だけが黒く見えるようなつくりになっているからです。

昼の眼

夜の眼

キーワード➡複眼、偽瞳孔

樹木の葉の上にいることが多い

明かりにもよく飛んで来るよ

ハラビロカマキリ

比較的背の低い木の上でくらしています。体の幅が広くずんぐりとしており、前ばねには白い紋があります。まれに体が茶色の個体もいます。幼虫は腹の先を上に向けています。（体長45〜64mm）

コカマキリ

草むらなどの地面の近くでよく見かけます。体の色はうす茶色からこげ茶色ですが、まれに緑色の個体もいます。前あしのかまの内側に模様があります。（体長36〜63mm）

カマキリの卵のう

カマキリの仲間は、卵を産む時にいっしょに泡を出し、卵のうをつくります。ひとつの卵のうの中には100〜300個ほどの卵が入っており、春になるといっせいにふ化します。なお、卵のうの形や大きさは種類によってちがいます。

オオカマキリ

チョウセンカマキリ

オオカマキリのふ化

ハラビロカマキリ

コカマキリ

カマキリ目

キーワード➡卵のう

そのほか の昆虫

これまで紹介してきたもののほかにも、トビケラ目、シリアゲムシ目、ノミ目、ネジレバネ目、ラクダムシ目、ヘビトンボ目、アザミウマ目、カジリムシ目、ナナフシ目、ジュズヒゲムシ目、シロアリモドキ目、ガロアムシ目、カカトアルキ目、ゴキブリ目、シロアリ目、ハサミムシ目、カワゲラ目、カゲロウ目、シミ目、イシノミ目のグループがあります。これらのうちジュズヒゲムシ目とカカトアルキ目の昆虫は、日本ではまだ見つかっていません。

家の中によく入って来るよ

ゴキブリ目

クロゴキブリ

家に出るゴキブリの代表種で、あたたかい地域に多く見られます。オス、メスともにはねが長く、飛ぶことができます。成虫は黒ですが、あるていど大きくなった幼虫は赤茶色です。
（体長20〜30mm）

ハサミムシの仲間

植木ばちや石、枯れ木の下にいるよ

ハサミムシ目

日本に約30種がいます。腹の先がハサミになっていて、これで敵と戦いますが、はさむ力は弱く、人がケガをする心配はありません。多くは夜行性で、地面を歩きながら動物の死がいなどを食べます。（体長は種類による）

ハサミムシは卵を守り育てる。

ナナフシ目

雑木林とその周りにいるよ

森林

ナナフシモドキ

ナナフシ（枝）に擬態しているのでナナフシモドキと呼ばれます。体が緑色の個体と茶色の個体がいます。多くはメスで、オスはめったに見られません。
（体長57〜100mm）

ナナフシは枝のこと。

さくいん

【著者プロフィール】岩槻秀明（いわつき　ひであき）

愛称はわぴちゃん。自然科学系ライターとして書籍の製作に携わるほか、自然観察会や出前授業などの講師も多数務める。

気象予報士。千葉県立関宿城博物館調査協力員。千葉県希少生物及び外来生物リスト作成検討会種子植物分科会委員。日本気象予報士会生物季節ネットワーク代表。千葉県生物学会幹事。千葉県昆虫談話会会員。

【主な著書（生物系）】

『この花なに？ がひと目でわかる！ 新散歩の花図鑑』（新星出版）
『ビジュアルだいわ文庫 子どもに教えてあげられる 散歩の草花図鑑』（大和書房）『最新版 街でよく見かける雑草や野草がよーくわかる本』（秀和システム）など

公式ホームページ「あおぞら☆めいと」https://wapichan.sakura.ne.jp/

公式Xアカウント：@wapichan_ap

公式YouTubeチャンネル「わぴちゃん大学」：https://www.youtube.com/@wapiwapisitekita

【主な参考文献】

『生物事典』（昭文社）／『改訂版 視覚でとらえるフォトサイエンス生物図録』（数研出版）／『講談社の動く図鑑MOVE 昆虫』（講談社）／『ポプラディア大図鑑WONDA昆虫』（ポプラ社）／『自然界の危険600種有害生物図鑑 危険・有害生物』（学研）／『山渓フィールドブックス６　甲虫』（山と渓谷社）／『フィールドガイド 日本のチョウ』（誠文堂新光社）／『日本原色カメムシ図鑑』（全国農村教育協会）／『アブラムシ入門図鑑』（全国農村教育協会）／『バッタ・コオロギ・キリギリス生態図鑑』（北海道大学出版会）／『ハチハンドブック 増補改訂版』（文一総合出版）／『ハエハンドブック』（文一総合出版）／『東京都のトンボ』（いかだ社）

環境省 日本の外来種対策　https://www.env.go.jp/nature/intro/index.html

写真・図版●岩槻秀明　イラスト●山口まお　編集●内田直子　本文DTP●渡辺美知子

【図書館版】はっけん！ 身近な生きもの図鑑　昆虫

2025年1月31日　第1刷発行

著　者●岩槻秀明
発行人●新沼光太郎
発行所●株式会社いかだ社
　〒102-0072 東京都千代田区飯田橋2-4-10加島ビル
　Tel.03-3234-5365　Fax.03-3234-5308
　ウェブサイト　http://www.ikadasha.jp
　振替・00130-2-572993
印刷・製本　モリモト印刷株式会社

© Hideaki IWATSUKI, 2025
Printed in Japan
ISBN978-4-87051-617-5
乱丁・落丁の場合はお取り換えいたします。